宝贝，该点餐啦

1~3岁幼儿分阶膳食营养书

黄惠珍 著

人民东方出版传媒

东方出版社

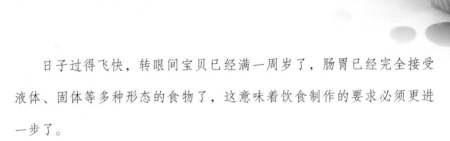

序言 FOREWORD

宝贝，请品尝可口的饭菜吧

日子过得飞快，转眼间宝贝已经满一周岁了，肠胃已经完全接受液体、固体等多种形态的食物了，这意味着饮食制作的要求必须更进一步了。

1~3岁的宝贝，母乳或配方奶已不再作为主食，营养丰富的各种菜肴将成为这一阶段的饮食重点。宝贝开始与家人同桌吃饭，在这种情况下，务必让宝贝养成正确的用餐规矩，制作菜品时要注意营养均衡，不做重口味（味道浓重、多盐的）饭菜，最好的调味方式是清淡为主。这一阶段为满足全家人的胃口，且不另外为宝贝单独制作，我会在烹调过程中做一些变更，比如将宝贝食用的菜品先盛出来，再添加调味料，这样不但可以解决许多料理上的麻烦，也兼顾了宝贝营养上的需求。

除了遗传因素外，后天的饮食习惯对宝贝成长有着重要的影响；良好的饮食习惯必须从小开始养成，尤其是在1~3岁幼儿成长的黄金期。宝贝如果偏食，在这段重要发育期，容易造成营养不均衡，继而阻碍发育；如果是北方家庭，重口味烹调同样会影响宝贝日后的健康，这要求每个妈咪主厨都要掌握丰富的烹饪与育儿经验，根据1~3岁宝贝的发育变化做出营养、均衡、可口的菜品，让宝贝健康成长，帮助其增强抵抗力，减少感染疾病的几率。

满一周岁的幼儿，妈咪主厨在烹调上应根据宝贝的发育及消化状况制作适合的食谱，特别是一岁半以前的宝贝，多半只是刚长出门牙，对于太硬、太大块的固体食物很难享用，此时应该将食物切成小细丁煮软后再喂食。等到宝贝再大一些，咀嚼及消化能力提升后，再给宝贝复杂一点或稍大块的食材。初期应以"少量多餐"的方式补充辅食，评估宝贝接受的程度，再酌量增加供应量和次数，让宝贝慢慢接受奶制品以外的食物。

成人膳食终究与幼儿膳食有较大差别，由妈妈亲自给宝贝制作辅食才是最安全的。我在写本书的时候，曾专门询问过台湾省行政院卫生署基隆医院的营养师张皇瑜和杨惠乔大夫，让她们提出宝贵的专业意见，因此书中列出的给宝贝的膳食菜品都是值得信赖的。此外，书中还有详尽的关于1～3岁宝贝的营养常识和育儿经。

制作美食并不难，妈妈们亲手为宝贝制作的膳食不仅可口，而且还是"无添加"和纯天然的。希望每个宝贝都能在不同年龄段的饮食中摄取相应的营养元素，茁壮健康地长大！

宝贝，该点餐啦，今天你要吃点什么呢？

黄惠珍

CONTENTS 目录

第一章 制作膳食前，妈咪主厨必修的功课

第二章 1～2岁宝贝的营养美味膳食

第三章　2～3岁宝贝的营养美味膳食

第四章 1~3岁宝贝的自选茶点

第一章

制作膳食前，
妈咪主厨必修的功课

- 幼儿期宝贝的生理特点及行为特征
- 1～3岁宝贝的饮食重点及宜忌
- 1～3岁宝贝如何分阶喂养
- 如何使宝贝养成正确的用餐好习惯

幼儿期宝贝什么样
——1～3岁幼儿的正常生理特点

满一周岁之后，宝贝便开始从四处爬行的婴儿期向能够独自站稳行走的幼儿期过渡；从"嗯嗯啊啊"不会表达完整句义到能够完整地说出简单的有意义的语句。1～3岁的宝贝逐渐远离了摇篮，进入有独立人格的幼儿期。这一时期宝贝有着明显的发育特征，进入既可爱又捣蛋的年龄，此阶段是不亚于青春期的人生第一个叛逆期。

满一周岁时，宝贝的体重约为出生时的3倍，此后宝贝的生长速率开始减缓，每一年体重约增长2～10公斤、身高约增长8～25厘米，每公斤体重的热量需求约为100千卡，较婴儿期变少。这一阶段是幼儿各种器官发育和智力发展趋于成熟的关键时期，完整的营养摄入可为宝贝奠定强健一生的基础。

在与外界接触方面，一周岁以前的婴儿多由妈妈、家中老人或保姆全天候照顾；满一周岁进入学步期后，宝贝与其他家人及外界的接触变得频繁，对周遭环境及外界认知比身体的发育更为显著。等到宝贝开始学会走路，可探索的范围变得更广，活动量明显增加，对各种事物都充满好奇，喜欢东摸西抓，拿到什么就放进嘴巴里，或是用小指头戳戳看，此时妈妈应更注意物品的清洁与安全，以及公共场所的卫生安全，以保护器官尚未完全发育成熟的宝贝，避免因抵抗力较弱而时常生病。

这一阶段的宝贝，已经能在餐桌上与

家人一起用餐，但是要完全进阶到与大人吃相同的食物，还需要一段时间；边吃边玩是这一阶段幼儿的一大特性，宝贝常常玩到忘记吃饭，一口饭含了3分钟还没吃下去；对食物开始有喜恶的选择，比较偏好甜食，对于这些情况妈妈必须特别有耐心，同时烹饪时要注意营养均衡，不要因为爱宝贝就顺着宝贝甜食的喜好，避免宝贝日后出现偏食、蛀牙与营养不均衡的现象。

幼儿期的宝贝生长速率虽然较一周岁之前放缓，但由于此阶段宝贝的长牙速度加快，也开始学习走路，同时处于骨骼生长、肌肉发育、运动机能发达的时期，活动量会大幅增加、体能消耗加速，因此所需的营养素种类与分量反而比一周岁以前还要多。若在幼儿期缺乏适当营养、体重过轻，则将来

罹患心血管疾病与糖尿病的几率较高，因此对宝贝的营养需求绝对不能忽视。

通常情况下，父母都会拿宝贝的成长数值，与其他同龄小朋友进行比较，其实这样做并不恰当，应当让宝贝与自己的成长发育进行阶段性比较。不妨做一张"1～3岁宝贝成长发育数据表"（以半年或一年为范围），再制作同时间段的"体重发育曲线图"、"身高发育曲线图"，在每个月固定的日子（最好是宝贝足月龄的那一天）测量宝贝的身高（厘米）、体重（千克），标注在一张表和两张图上。若宝贝的身高和体重几乎是同步增加，且增长幅度基本正常，则宝贝的生长状况即是良好的，即使偶尔食欲差一点，食量减少，也不必太过担忧。

1~3岁宝贝月龄	身高（厘米）	体重（千克）
第13月	82	11.8
第14月	83.5	13
第15月	84.1	13.8
第16月	85	14.7
第17月	85.4	16
第18月	86.3	16.6

注1：此表为"1～3岁宝贝成长发育数据表（1～1.5岁）"范例，数据处于标准值范围，仅供家长制作时参考。

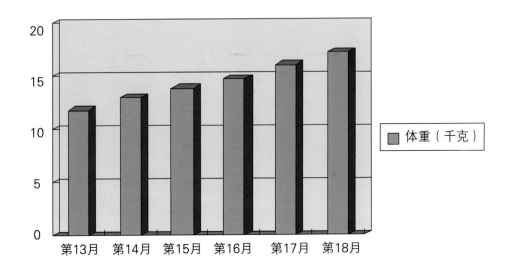

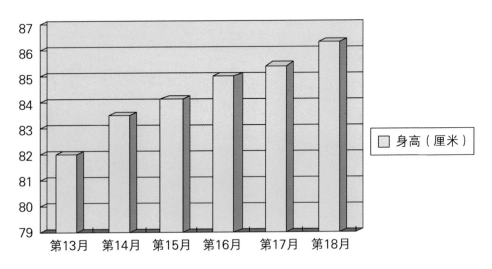

注1：此为"1～3岁宝贝体重曲线图（1～1.5岁）""1～3岁宝贝身高曲线图（1～1.5岁）"范例，数据处于标准值范围，仅供家长制作时参考。

　　反之，若身高和体重出现停滞甚至下滑，且发育数值起伏较大，都属于疑似发育不正常。举例来说，若宝贝发育数值异常且体型瘦长，有可能是肠胃吸收能力不佳或是营养不良；若宝贝发育数值异常且为矮胖型，有可能是内分泌失调，最好去医院的儿科门诊，请儿科医生给予相关检查与专业意见。

幼儿期宝贝需要什么
——1~3岁幼儿怎样吃出强健体魄

均衡的营养素摄入是提高宝贝免疫机能的主要方法，提高免疫力可使宝贝不容易生病，学习和智力发育保持良好。当宝贝营养不良的时候，免疫系统容易变差，抗体减少，细菌和病毒入侵的机会大大增加，营养不均衡的宝贝很容易感冒、拉肚子，也容易引起其他感染。

1~3岁宝贝每天所需的营养素，依然是糖类、蛋白质、脂肪、水分、维生素和矿物质这六大类，但是与一周岁以前的宝贝相比，不同营养素的摄入量是有不小的区别的。妈咪主厨可通过与此书配套的《宝贝，吃辅食啦》一书，详细了解每一类营养素的作用及功能，本书只是着重介绍1~3岁宝贝营养素摄入的要点。

幼儿期宝贝所需营养素	对幼儿成长的重要功效	建议食物摄取来源
糖类（碳水化合物）	供应人体能量的主要来源，占每日摄取总热量的50%以上。宝贝进入学步期，活动量大增，糖类的摄取更应重视。	建议以全谷类、蔬果类与根茎类食物为主要糖类摄取来源，避免从精制糖类（如糖果、含糖饮料、甜点等食物中摄取），否则容易使宝贝变成蛀牙的小胖子。
蛋白质	人体除水分之外含量最多的物质，约占体重的1/5，所构成的抗体和免疫球蛋白是对抗疾病、维持免疫机能的重要武器。蛋白质摄取不足的宝贝不仅生长缓慢，且无法制造对抗病菌的抗体，继而抵抗力减弱；反之若摄取过量则会造成肾脏的负担，导致肥胖及各类疾病。	奶制品除含有优质蛋白质外，还具有丰富的、易吸收的钙质及维生素B_2，建议1～3岁的宝贝每天至少喝两杯240毫升的配方奶，或食用其他乳制品，如优酪乳、酸奶等。
脂肪	脂肪中的亚麻油酸与次亚麻油酸为人体无法自行合成的必需脂肪酸，属于Omega-6系列脂肪酸，是构成细胞膜的重要物质，适量摄取对幼儿皮肤和正常发育非常重要，对智力大有帮助的DHA属于Omega-3系列脂肪酸。	脂肪缺乏容易使幼儿出现生长迟滞、头发掉落等现象，建议1～3岁宝贝从深海鱼类、坚果类与植物油中摄取脂肪。
钙	1～3岁宝贝的骨骼发育虽然缓慢，但身高开始增长，同时正值长牙期，需要更多钙质来加强骨质强度，支撑逐渐增加的体重。偶尔晒晒太阳，促进身体合成维生素D是帮助钙质吸收的最合理方法。	钙质的主要食物来源是奶制品，含钙质丰富的食物除奶制品外，还有小鱼干、深绿色蔬菜、豆制品。若磷的摄取量过高，会降低钙的吸收率。

幼儿期宝贝所需营养素	对幼儿成长的重要功效	建议食物摄取来源
铁	协助体内氧气输送与能量生成，铁质摄取不足的宝贝容易出现无精打采、注意力不集中、疲倦等症状，影响宝贝语言与认知力，也会使宝贝的免疫力降低。	含铁丰富的食物有动物肝脏、红肉（牛羊肉等）、蛋黄、坚果类、动物血制品等。铁质吸收必须巧用食物搭配，如高钙食物、菠菜中的草酸、蛋黄中的磷酸都会干扰铁质吸收，应与以上食物错开食用；而含维生素C的食物则可加速铁质的吸收，可随餐或餐后摄取水果，以强化铁质吸收。
维生素A	维持正常视觉功能、骨骼发育，维持"第一道防线"上皮及黏膜细胞完整性的重要营养素，摄取不足会导致夜盲症及干眼症。	建议摄取动物肝脏、蛋黄、奶制品等食物，含维生素A、β-胡萝卜素的食物有胡萝卜、地瓜、木瓜等深绿色与红黄色蔬果。
维生素B族	维持细胞正常代谢与红血球生成是维生素B族的主要功能，与宝贝生长发育有关的维生素都属于水溶性维生素，缺乏其中任何一种都会使细胞活力与免疫力降低，出现情绪不稳、消化不良等现象，特别是缺乏维生素B_1、烟碱酸时，宝贝的食欲会明显降低，导致发育缓慢。	动物肝脏是维生素B族的最佳食物来源。牛奶、酵母、全谷类、小麦胚芽、豆类、肉类等，也都是重要的维生素B族来源。
维生素C	合成人体胶原蛋白的必要物质，若摄取不足，病毒侵入体内的几率较大，还会造成幼儿生长迟缓，牙齿、骨骼与血管的发育异常。宝贝生病时（尤其是感冒），需要补充维生素C，以增强免疫力。	主要来源为蔬菜水果，但容易因高温流失。烹调时须注意，先清洗后再切，并避免保存时间太长与长时间烹煮。

幼儿期宝贝所需营养素	对幼儿成长的重要功效	建议食物摄取来源
维生素E	最重要的功能是抗氧化作用。幼儿若摄取不足，可能会罹患溶血性贫血。	小麦胚芽、蛋黄、大豆植物油、坚果类、豆类等是维生素E的来源。若经高温烹调、长期曝露于空气中、冷藏低于0℃都容易使维生素E流失。只要宝贝不偏食，就能摄取足够的维生素E，不需要另外补充。
微量矿物质	主要是锌、铜、钴、锰、碘、氟等物质。锌能健脑、强化骨骼发育，若动物性食品吃得太少，就可能摄取不足；幼儿轻度缺乏锌，会有食欲不振、容易哭闹与发育不佳等现象；铜是造血的必需元素，可促进铁质的利用，幼儿缺乏时体重增长缓慢，容易骨折与贫血。	多食用海藻类食品，让宝贝每天至少喝2杯以上配方奶，同时避免饮食过于精细化。

6. 矿物质（Mineral）

又称"无机盐"，是人体内无机物的总称。人体的重量中，96%是有机物和水分，4%是无机物。人体内约有50多种矿物质存在于无机物中，大致可分为"常量元素"和"微量元素"两大类。其中，钙、磷、镁、钾、钠等人体必需的矿物质称为"常量元素"；而铁、锌、铜、钴、锰、硒、碘等人体必需的矿物质称为"微量元素"。

对于4～12个月宝贝来说，最需要补充的矿物质就是铁，这是由于宝贝在胎儿期从妈妈体内所摄取的铁元素在宝贝4~6个月后会逐渐用尽，而铁元素是血红素中携带氧气的重要元素，也是促进免疫力与智能正常的重要物质，宝贝如果缺铁的话，很容易手脚冰冷，甚至出现生理性贫血。

除了铁，钙是另一个宝贝所需的重要矿物质，能够促进骨骼和牙齿的发育。"钙磷比"是影响宝贝钙磷吸收率的重要原因，钙磷比为1.5：1，比较适合4～12个月宝贝，若比例不当，就会影响钙的吸收和利用。在购买营养配方奶粉时，应重点关注一下奶粉成分中的钙磷比。

宝贝成长所需矿物质	对宝贝成长的重要功效	食物来源
钙	充足的钙质可帮助宝贝正常生长发育；稳定宝贝情绪、减少焦躁不安，促进睡眠良好；宝贝若长期缺钙，容易生长迟滞、牙齿发育不全，还可能导致肌肉痉挛、湿疹、失眠等。	奶类、鱼类、龙须菜、海带、深绿色蔬菜、豆类及其制品等。
磷	构成骨骼和牙齿的主要成分，主要作用是维持宝贝肾脏机能正常运作。	酵母粉、小麦胚芽等。
镁	人体内的镁约有70%存在于骨骼中，是构成骨骼的主要成分，主要作用是稳定宝贝情绪，协助钙质吸收。	深绿色蔬菜、五谷类、坚果类、瘦猪肉、奶类、牡蛎、海苔、豆类等。

宝贝成长所需矿物质	对宝贝成长的重要功效	食物来源
钾	维持宝贝体内细胞的正常含水量及正常血压，参与神经传导、正常肌肉反应等。	干海带、紫菜、豆类、奶类、香蕉、瓜类水果等。
钠	参于宝贝体内水的代谢，保持水平衡；维持体内酸碱度平衡；对宝贝的肌肉运动、心血管功能、能量代谢有重要作用。	动物性食品中的含量要高于植物性食品。人体内的钠一般情况下不易缺乏，婴儿的辅食制作应做到低盐，如果食盐量过高，可引起中毒，甚至死亡。
铁	强化宝贝的免疫机能，负责血液的带氧功能。	蛋黄、红肉类（牛肉）、动物肝脏、燕麦、奶类、海藻类等。
锌	强化免疫机能，帮助生殖器官发育及伤口愈合。	海鲜、肉类、动物肝脏、生姜、小麦胚芽、酵母、核果类等。
铜	协助骨骼与红血球的形成，促进伤口愈合。	动物肝脏、虾蟹贝类、全麦食品、瘦猪肉、杏仁、豆类等。
钴	维生素B_{12}的主要成分，可协助红血球生成。	动物肝脏、肉类、贝类、海带、紫菜等。

宝贝成长所需矿物质	对宝贝成长的重要功效	食物来源
锰	预防骨质疏松、提升免疫力，维持中枢神经运作及脑部机能。	动物性食品中含量极少，多存于植物性食品中，如菠菜、豌豆、蓝莓、菠萝、全谷类、豆类等。
硒	被国内外医药界和营养学界称为"长寿元素"、"天然解毒剂"，是人体必需的微量元素之一，对提高宝贝免疫力，预防重大疾病，保持一生强健体质起着重要作用。宝贝每天须摄入足够量的硒。	米、面等食物中含量较低，主要出自野生、天然生长的食品，还有海产品、食用菌、肉类、禽蛋、西蓝花、紫薯、大蒜等食物。
碘	有"智力元素"之称的人体必需微量元素，主要调节宝贝体内的甲状腺平衡，还能调节蛋白质合成和分解、促进糖和脂肪代谢、调节水盐代谢、控制维生素的吸收利用、促进骨骼发育等。	海带、紫菜、海白菜、海鱼、虾蟹、贝类等。

注1：本表格的"食物来源"主要针对0～6岁的宝贝，为妈咪主厨制作辅食提供参考。

准备充分再下厨

——给宝贝喂辅食的必要性及基本原则

一周岁以前，是宝贝一生中发育最快的时期，这一时期的成长规律是"睡眠时间逐渐减少，活动量越来越多"，仅靠母乳或营养配方奶粉单独喂养，已无法充分供给宝贝成长发育的营养需求，必须另外添加辅食。

添加辅食也是为了让宝贝慢慢适应食物的味道，学习如何咀嚼、训练吞咽能力、练习如何使用餐具进食，为宝贝将来接受固体食物做好准备，养成良好的膳食习惯，继而慢慢接受大人的饮食方式。有些宝贝在出生3～4个月时，可能出现"厌奶期"，表现为不喝奶或是喝奶量减少的状况，因此应酌情给宝贝添加辅食，补充成长所需热量与营养，打下健康的基础。若在宝贝一周岁之前没有及时喂辅食和训练咀嚼、吞咽能力，一周岁以后宝贝可能就不愿意练习，吃食物咬两三下就会吐出来，容易诱发硬吞、哽噎的危险状况。

各种天然新鲜的食材，都可作为宝贝的辅食，但讲究饮食营养均衡、全面关心宝贝感受的妈咪主厨，会根据宝贝的牙齿与消化系统的发育状况，适时调整食物形态与料理方法，逐渐从液状、泥状、糊状进阶到较软的固体食物，逐渐调整辅食与主食（母乳或配方奶粉）的摄食比例，逐渐减少主食奶类供给，以温和的方式让宝贝逐渐断奶。

小贴士

正常宝贝4个月之前无需添加辅食

不同性别的宝贝所需的热量与营养素基本一样，只是对热量和营养素的吸收上存在个体差异。不管是以母乳或婴儿配方奶粉喂养宝贝，儿科专家建议：只要是足月生产、发育正常的婴儿，在4个月之前不需要额外添加辅食。

能否给宝贝喂辅食，肠胃功能的发育是否成熟是很重要的条件。在4个月之前，过早添加辅食，很可能引起宝贝肠道不适、消化吸收不良等，导致病毒感染等诸多问题。

小贴士

奶粉过敏症

宝贝肠胃受到配方奶粉中某些蛋白质的刺激而产生敏感反应（如加速蠕动）导致肚子痛，伴随呕吐与拉肚子等肠胃症状。正常新生儿中，约有2%存在奶粉过敏的情况，特殊情况下可能对母乳也过敏。

喝奶半小时后出现哭闹、不安、腹部胀气、持续性腹泻，是婴儿对奶粉过敏的主要症状。除了肠胃症状，还可能反应在皮肤与呼吸道上，出现异位性皮肤炎，或是咳嗽、打喷嚏、流鼻水等现象。若症状长期持续，严重的可能会出现营养不良等，间接造成发育迟缓、低蛋白血症及缺铁性贫血等。

最好的对策是不喝一般的配方奶，经医嘱后改喝已将蛋白分解为小分子的水解蛋白配方奶粉，这样不容易产生过敏症状。通常两周岁以后，七成奶粉过敏症的宝贝，就不会对奶粉及奶制品过敏了。

给宝贝制作辅食，除了要考虑宝贝的月龄，同时还需要考虑宝贝的体重、发育速度、活动力和胃口。如果宝贝的体重已达到出生时的两倍（且超过6公斤），每天喂奶的次数为8～10次（每天喝配方奶粉量超过1000毫升），却总有喝不饱的感觉，就表示宝贝已进入吃流质辅食的阶段了。

每个宝贝的成长都有其个体差异性，对于发育正常的宝贝，喂辅食的基础时间点最好不要早于出生后满4个月；有过敏症状的宝贝，喂辅食的基础时间点为出生后满6个月。4个月之前的正常宝贝，不论是以母乳或婴儿配方奶粉喂养，都能摄取完整的营养，而主管消化的胰脏

小贴士

什么时候让宝贝"断奶瓶"

当宝贝5～6个月大，可以自己拿住东西时，就可训练宝贝用杯子喝东西了。母乳、自榨果汁和水都可以让宝贝用杯子喝，但宝贝的手力毕竟还很弱，所以不要一次性装太多，以免宝贝拿不动，而且也不要勉强宝贝一次就把杯子里的液体喝光光，要让宝贝慢慢适应杯子，有"杯子里的东东是解渴的"认知，逐渐养成用杯子喝水或喝奶的习惯。

想让宝贝对使用杯子感兴趣，首先要为宝贝挑选一个有把手、图案可爱、色彩鲜艳的塑料杯（建议使用PP材质的）；宝贝喜欢模仿大人的动作，不妨在宝贝面前用杯子喝水给他作示范，宝贝会很乐意照你的样子做的。宝贝两岁后就会习惯和固定生活作息方式，并藉此产生安全感，因此尽量要在两岁前戒除奶瓶，否则之后想要宝贝戒除就很难了。

在宝贝进入4～6个月的成长期才慢慢发育成熟，食道与胃之间的括约肌也大约在6个月才发育完成，因此含蛋白质、脂肪、淀粉较多的食物，都必须到此阶段再逐渐给予。

下面是妈咪主厨给宝贝制作辅食时应当注意的一些原则。

1. 配合宝贝的咀嚼与消化能力

这也是最简单和基本的大原则：由稀到稠、由细到粗、由少到多、由一种到多种。配合宝贝的咀嚼、消化与适应能力，一开始先给宝贝提供流质的辅食，然后慢慢调整至半流质辅食，最后是喂软固体食物。每个宝贝的食欲和食量不尽相同，饮食量没有唯一的标准，妈咪主厨应该细心观察宝贝的体重、身高、长牙和排便情况，并据此适当调整辅食量。

将辅食用杯碗盛装，以小汤匙喂食，让宝贝逐渐习惯大人的饮食方式。喂辅食时最好将食物放在宝贝的舌头中间，这样会让不太会吞咽的宝贝较容易吞下。米粉、麦粉需调成糊状，置于碗中喂食，不要直接将辅食加入奶粉中用奶瓶冲泡，否则将无法训练宝贝吞咽与咀嚼的能力，还可能影响奶粉的浓度，造成过度喂食。

奶瓶与奶嘴的选择，对于宝贝喝液体饮品是很重要的。市面上常见的奶嘴孔洞有两种：圆洞和十字孔。两种孔洞都有大小之分，若宝贝的吸吮能力差，可选择孔洞较大的圆孔奶嘴，让奶水自然流出，吸食较不费力；若宝贝的吸吮能力较佳，可选择孔洞较小的十字孔奶嘴，较不易呛到或吸入空气，妈妈可以参考不同品牌的标识购买。个人经验是：圆洞奶嘴适合给宝贝喝水和纯净果汁，因为其流量可以控制，使宝贝不容易呛到；十字型奶嘴适合给宝贝喝主食，因为一周岁以前宝贝每天喝奶粉的次数最多，这种奶嘴的缺点是容易因反复使用、清洗或宝贝调皮啃咬而损坏，所以家里最好常备2～3个十字型奶嘴。奶嘴若被宝贝牙齿磨损，应立刻更换；若未磨损也需每隔3个月淘汰更换。奶瓶与奶嘴的锁紧程度，以将奶瓶倒置，奶水可缓慢滴落为宜。

2. 观察宝贝吃辅食有无不良反应

宝贝第一次尝试吃奶粉以外的辅食，是妈咪主厨需要重点观察的。起初，只能给宝贝喂一种辅食，并且是一汤匙的量，建议从宝贝不易过敏的较稀米糊或婴儿配方米粉开始尝试。当宝贝吃完第一餐辅食，观察无不良反应后，再开始以由稀渐浓的方式喂食。

每一种辅食在喂食3～5天后，若观察宝贝没有出现呕吐、腹泻、皮肤潮红、出疹子等不良反应，才可考虑添加新的食材或是增加分量。添加辅食应以循序渐进的方式进行，坚持"一看、二慢、三加"的方式，不要随便混合多种新辅食喂食，以免宝贝出现不良反应时无从判断是哪种食物导致的。等到宝贝尝过4～5种食材，反应正常良好，才能尝试着将多种食物进行混合喂食。

开始吃辅食后，宝贝的便便可能会变软一些，甚至会把某些吃进肚子里的食物较完整地原封不动地拉出来，只要不是拉稀，就没有关系，不用太过担心。若宝贝

吃辅食时有不良反应，应暂停喂食，等症状消失后再试着继续喂；若没有改善，应带宝贝及时去医院看医生，了解宝贝是否对某种食物过敏。

喂辅食对4～12个月的宝贝而言是很重要的，不能因为出现过敏或不适症状，而就此中断或停止喂辅食，因为若太晚给宝贝喂辅食，除了可能让宝贝营养不足，也会缺少进阶式断奶，而错过训练宝贝咀嚼和吞咽能力的最佳时机。喂食的时候不要给宝贝压力，要让他觉得吃东西是很愉快且有趣的，这样才会比较容易接受——同时，妈咪主厨也得努力提高自己的厨艺喔。

3. 理解宝贝吃辅食的正常反应

宝贝在3～4个月大时，舌头会有推出食物的条件反射，会将非液体食物用舌头推出，这也是喂辅食时宝贝的正常反应。不一定是宝贝不想吃辅食，也许就是反射动作或者是并不饿，此时应当遵从宝贝意愿：当他总是用舌头推出食物时，这一顿就暂停喂辅食，下一顿继续喂。

多数宝贝无法刚一开始吃辅食就很顺利，通常会吃一口吐一半出来，对此妈咪主厨要有耐心，理解宝贝，不宜操之过急。应在就餐时间充裕的情况下，以轻松愉快的态度给宝贝喂食，不要强迫宝贝吃完所有辅食，以免其产生抗拒感；若宝贝不喜欢某一种食物，建议以营养素相当的不同种类食物替换，不一定非要强迫宝贝吃某一种食物。

4. 先吃辅食再喝奶

要掌握宝贝每天的饮食规律，留意宝贝在不饿时或者很饿时有何表现。通常情况下，辅食是对奶粉的有益补充，把握喂辅食的时间、分量和口味，对宝贝顺利吸收辅食很重要。

喂辅食的最佳时间是在宝贝吃奶粉之前。养成"先吃辅食再喝奶"的喂养习惯，让宝贝在空腹且略有点饿的情况下愿意吞咽与咀嚼辅食，否则宝贝一旦先喝奶喝饱了，就会不再想吃其他食物。

5. 注意食材的新鲜与卫生

制作辅食的过程中，食材新鲜、烹饪卫生是必须保证的。以天然新鲜的食材制作辅食，建议一周岁以内宝贝的辅食内不要添加食盐，无需添加其他调味料（包括鸡精、胡椒粉、味精等）；切忌以大人的口味来衡量辅食是否可口，避免制作出太甜、太咸、太热或太冷的辅食。一周岁以下的宝贝对冷热的感知力较差、呼吸系统很弱，更不宜给予冰凉的食物（如冰块、冰激凌等），以免抑制肠胃蠕动，引起胃黏膜血管收缩。

注意餐具与食物的清洁卫生，菜板最好有两副，分别切蔬菜水果和生鲜的肉类；宝贝的餐具必须是专用的，每次宝贝用餐后，都要将餐具洗干净，并专门进行消毒处理；喂宝贝辅食之前应将自己的双手洗净。

市面上有多种现成的婴儿辅食，除非特殊情况下没有时间制作辅食，否则还是要以天然的食材亲自制作辅食喂宝贝。若有意购买，应注意查看包装是否密封安全、有效期时间，开罐后若一次没吃完，需放入冰箱里冷藏保存，并于24小时内及时取出，在常温下给宝贝食用，再吃不完应马上丢弃。

辅食添加量	五谷类辅食 （配方米粉）	水果类辅食 （果汁、果泥）	蔬菜类辅食 （菜泥）
一汤匙	1～3日	1～6日	1～9日
两汤匙	4～10日	7～9日	10～12日
三汤匙	11～17日	10～16日	13～19日
四汤匙		17～30日	20～30日
半碗	18～30日		
一碗	第30日起		

注1：本表为辅食喂养第一个月内（宝贝出生4个月后），不同类型辅食的添加量及持续喂养时间。

注2：由于每个宝贝发育状况不同，本表数值仅供参考。

注3：五谷类辅食首选米糊作为宝贝的辅食，因为米很少引起过敏反应，且容易吸收。

6. 了解辅食制作与喂食器具

市面上有许多实用的辅食制作与喂养器具，不仅使辅食制作更加方便，让宝贝使用专门的器具也比较卫生安全。拿汤匙来说，可分为"喂食型"与"学习型"两种，喂食型汤匙与一般的汤匙形状相似，但型号比较小，是为家长喂宝贝而设计的；学习型汤匙则有特殊的弯度设计，适合宝贝使用协调能力还未成熟的小手来喂自己吃东西。此外，吸盘碗、感温汤匙等功能较新的器具，也让辅食制作和喂养变得得心应手。下表有助于妈咪主厨了解辅食制作与喂养的日常器具。

常用辅食制作与喂养器具	功能详解
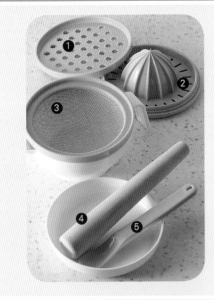	**辅食制作常用工具** ①**研磨器**：可将果蔬类食材，如苹果、香蕉、胡萝卜研磨成泥状。 ②**榨汁器**：可将橙子等水果压出汁。 ③**滤网**：过滤果汁与菜汤。 ④**研磨棒＆研钵**：可将小块的食材（如葡萄、豌豆等）捣碎磨成泥。 ⑤**幼儿匙**：小而窄的匙面更适合宝贝的嘴。
	**婴幼儿学习型餐具** 依据宝贝初学时拿餐具的动作所设计，特殊的弯弧形状，让宝贝容易握住，可一次性动作将食物送入口中。常见的为弯弧形汤匙和叉子。

常用辅食制作与喂养器具	功能详解

电饭锅专用稀饭杯

　　洗好的米放在杯子里，可依据杯上的刻度加水，平放在电饭锅中（待煮的水和米上面），拿掉盖子和滤网。电饭锅煮好饭后，继续焖上20～30分钟，宝贝就可以吃上特别调制的稀饭了。不用麻烦地单独为宝贝煮稀饭，稀饭杯可谓是既便宜又最实惠的器具。

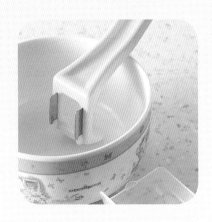

食物切搅调理器

　　可利用此工具切断宝贝碗中的软性食物（如面条类辅食），既省力又方便。

幼儿餐碗感温汤匙组

　　感温汤匙有一种柔软的匙面，具有特殊的感温功能，可以随着温度的变化而变色，温度越高则匙面变色的速度就越快，可避免高温食物对宝贝的嘴唇和口腔造成伤害，最大限度确保宝贝用餐的安全，避免烫伤。

常用辅食制作与喂养器具	功能详解

微波炉专用稀饭调理锅

将白米或白饭放入其中，添加所需水量，放入微波炉中，依据蒸稀饭所需时间和火力，用微波炉加热至熟，之后在微波炉中焖上几分钟，再用微波炉短暂加热一次，即可煮好稀饭。

婴幼儿吸盘学习碗

形状上看就是底部附有吸盘的碗。底部的吸盘结构可以稳稳地固定于光滑的桌面上，不用担心宝贝将碗弄倒或打翻，是宝贝学习自助用餐的最佳器具。随着宝贝的成长，底部吸盘是可以拿掉的。

婴儿喂食专用汤匙

相对于学习型餐具，这种专用汤匙市面上不算常见。此专用汤匙可防止汤匙过度深入宝贝嘴内。图中的黄色汤匙为泥状食物专用，匙面浅，便于宝贝一口吃下所有食物；粉色汤匙为喝果汁、汤类专用，适合婴儿嘴巴大小，使液体不易外流。

新鲜的食材这样用

——四大类食材营养成分及做法须知

4个月以后的宝贝，消化系统仍然是很脆弱的，辅食一般先要从不易过敏的米汤、米糊开始，然后是果汁、蔬菜汤、蔬果泥，再到鱼肉类。建议妈咪主厨要为宝贝做好饮食记录，完整地记录宝贝每天吃辅食的种类、分量与反应，以了解宝贝的喜好，并判断辅食是否摄取充足。若宝贝出现过敏现象，也有据可查。

制作辅食的食材种类一般分为四大类：水果类、鱼肉蛋类、蔬菜类和五谷类。下面我们具体看看这四大类食材的营养特点以及做法上有哪些是需要注意的。

1. 水果类食材

作为食材，应首选含有较丰富维生素的深色水果，外观需完整、饱满，并且是新鲜成熟的，像苹果、柑橘、柳橙、香蕉、木瓜等果皮较易处理、酸度较低及未受农药污染的有机品种。4～12个月的宝贝，通常要以果汁等形式补充水果；到了

小贴士

果汁的做法

果汁的提取，可根据水果类型的不同加以区分：

①柑橘类水果可使用榨汁机。将水果剥皮洗净，用榨汁机榨出汁液后，用细网过滤果渣即可。

②小籽的水果（如苹果、梨、香瓜等）可先将水果磨成泥状后，再用细网过滤的方式取汁。

③大籽的水果（如葡萄、西瓜等）可用挤压的方式取汁。

提取出的果汁，与温开水以较大的比例稀释，以免4～6个月的宝贝直接喝高浓度果汁后拉肚子，并养成嗜甜的不良习惯。之后随着月龄增加，宝贝大约7个月大时可直接喝少量的纯果汁，也可给小片去皮去核的水果（如苹果、番石榴），让宝贝自己拿着咬。

小贴士

果泥的做法

制作成果泥的水果，通常都是汁水较少的，如苹果和香蕉。苹果通常是稍微加热一下，然后切成两半去核，用勺刮苹果泥，随刮随喂；香蕉则无需加热，剥去皮，直接刮泥喂。

菜汤的做法

制作菜汤的步骤是：将蔬菜切小段，加水煮3分钟至熟后，用细网过滤出菜汤，稍凉后就可以用汤匙喂食。如果宝贝不喜欢纯菜汤，又确定对苹果不会过敏，可试着将菜汤与苹果汁混合后再喂食。

菜泥的做法

可制作成菜泥的蔬菜，一般是绿叶素较少的蔬菜，如胡萝卜、马铃薯、紫薯、南瓜、山药等。制作步骤是：去皮后蒸熟，研磨成泥状，用汤匙刮喂。像胡萝卜、南瓜等甜味菜泥，可直接喂食；像山药、马铃薯等甜味不明显的菜泥，可加入极少量的糖，搅拌均匀后，用汤匙边刮边喂。

6个月以后，可酌情适量地给宝贝喂食果泥。开始给宝贝喂果汁时，应以奶瓶盛装，每天一次，每次约1毫升（用水稀释后的果汁）；果泥应用汤匙喂食，从1汤匙开始喂起，当天吃不完的果泥应及时丢弃。

2. 鱼肉蛋类食材

选择此类食材制作辅食，务必要注意新鲜，同时一定要将食物烹饪熟。鱼类可选择鳕鱼、旗鱼、鲑鱼、鲷鱼等深海鱼类，必须仔细剔除鱼刺，避免宝贝吃鱼时将鱼刺卡到娇嫩的喉咙；肉类可用瘦猪肉、动物肝脏，或用去油的排骨熬成高汤；羊肉不易消化，建议两周岁以后再给孩子吃；蛋类在一周岁之前只喂食蛋黄，满一周岁以后再给孩子吃蛋白，避免宝贝可能出现过敏。

3. 蔬菜类食材

"菜叶肥厚、外观完整、无枯萎斑点、新鲜的"蔬菜最适合作为宝贝的食材，以此为标准应购买当季的蔬菜种类，农药残余会相对少一些。首选深绿色、紫色、红黄色蔬菜，如小白菜、菠菜、胡萝卜、豌豆、花椰菜及瓜类蔬菜，可给宝贝提供较多的维生素与矿物质；味道较强烈的韭菜、青椒、牛蒡等蔬菜此阶段则不适宜给宝贝吃；不宜将不干净的蔬菜榨汁后给宝贝喝，因为除了口感不好、有涩味外，里面可能含有影响宝贝健康的微生物。

4. 五谷类食材

人都是吃五谷杂粮长大的，宝贝的辅食也自然是从五谷类开始的。五谷类，最常见的食材是各种米、面、豆，它们富含宝贝最容易吸收的铁质，白米更是婴儿肠胃消化吸收的最佳选择，通常是以"米汤→稀粥→浓粥→软饭"的辅食形态循序渐进。给宝贝喝米类辅食，应当根据宝贝的月龄酌量添加。

若想给宝贝添加燕麦或其他谷类，需要先磨碎再烹煮，这样就不会有纤维较粗不易消化的问题。选购市售的米、面，须注意包装说明与有效期，依照菜单上建议的比例冲调；也可选购质量上好的吐司，给宝贝做面包粥，将吐司的硬边切除后，切成小块，加入5毫升配方奶粉及5毫升的水，用小火煮软即可；豆类是优质蛋白质来源，豆腐需煮熟后给宝贝直接喂食。

米粉与小麦粉的纤维较温和，蛋白质消化率高，容易消化吸收利用，若购买辅食产品时，可选择单纯的米粉或精制小麦等未添加人工香料的产品，相对知名的品牌比较有保障。胚芽米粉纤维较粗，易造成宝贝肠胃负担，建议等宝贝大一些再喂；燕麦粉可降低血脂含量，但适合成人，建议一周岁以后再酌量给宝贝食用。

宝贝的月龄	米与水的比例（米粥类辅食）
4～6个月	1：10～1：7
7～9个月	1：5
10～12个月	1：4～1：3

这些表格要记牢
——4～12个月宝贝分阶段辅食喂养建议

应当给4～12个月宝贝每天提供多少辅食呢？这恐怕是妈咪主厨在给宝贝制作辅食之前最难把握的。

首先，在宝贝一周岁前应细心观察和记录宝贝的生长状况，对照生长发育数据及规律了解宝贝的各项发育是否处于正常范畴，若宝贝成长和发育情形良好，并不需太过精确地计算宝贝每天的食量。

其次，应当分阶段调配饮食的种类和控制食量。4个月以前，宝贝的营养完全来自于主食（母乳或配方奶粉），可从宝贝每天的排尿次数判断宝贝的喂食量是否足够，此阶段宝贝每天需要尿6次以上才算正常。通常来说，4个月以前的宝贝，若是母乳喂养，每天需要喂6～7次；若是配方奶粉喂养，应根据不同配方奶粉的喂量要求，每天也大概需要喂5～7次。宝贝出生后的第一个月，主食摄入量约为90～140毫升；宝贝满月后至4个月以前，主食摄入量约为110～160毫升。

第三，辅食制作的分量要适中。一周岁以下的宝贝肠胃系统较弱，给予的食物要以新鲜天然为第一要素，最好是快要吃饭时再制作，不能提前几个小时就做好，更不能一次性大量制作。多数辅食都不建议大量制作。上班族妈妈可利用市售产品，如米粉调制，或是将榨好但未稀释的果汁分给家人饮用，偶尔给宝贝

合适的幼儿餐具，选择有把手、小巧、图案活泼的杯子；汤匙大小以可放进宝贝口中为宜；碗要底稍宽、深一点的；让宝贝与家人共同用餐，让宝贝有成就感与参与感。

千万不要因为宝贝吃得慢或担心食物弄得到处都是，就完全采用大人喂食的方式，以免影响宝贝的正常发育与探索，不妨在宝贝的餐椅下铺一张废报纸。不妨让宝贝自己先吃1/3、2/3，到完全独立进餐的方式循序渐进，使宝贝逐渐摆脱对家长的依赖。

9. 让宝贝养成用餐好习惯

1～3岁的幼儿对周围事物充满好奇，用餐时很容易分心、吃吃停停，不妨给宝贝专属且高度适当的圈椅，让他无法自由活动，并要求宝贝吃饭时坐好不乱动，避免边吃边玩，一次用餐时间不应超过30分钟。若宝贝不肯好好吃饭，不妨在用餐时间就将食物收起来，让宝贝知道"不专心吃饭就没有饭吃"，这样下一餐他就会比较乖了。

三周岁以前的幼儿，可能把任何东西都放进嘴巴里，这一点让父母大为紧张，生怕抵抗力较弱的宝贝吃到不干净的东西而生病。为此，妈妈应当教导宝贝"饭前便后要洗手"，养成"饭后刷牙漱口"的卫生习惯，并且告诉宝贝"不能吃的东西不要放进嘴里"，"掉在桌上与地上的食物不要捡起来吃"，同时家长更要以身作则，以免使宝贝无所适从。

此外，还要培养宝贝"细嚼慢咽""爱惜食物不浪费"的习惯（前提是给予宝贝适当的分量）；在用餐时间可以说话，但若嘴巴里有食物则不可以说话；吃饭前后30分钟不可做激烈运动，也不宜洗澡，以免影响肠胃消化。

宝贝就像一面镜子，家长的言行举止不知不觉会投射到宝贝身上。爸爸妈妈要从自身做起，给宝贝树立好榜样。幼儿期是宝贝饮食习惯养成的重要时期，妈妈不仅要为宝贝的饮食把关，烹调适宜宝贝的可口食物，更要教宝贝建立不偏食的良好饮食习惯。

小贴士

容易让宝贝噎到的10种危险食物

①**果冻**：不要一整颗让宝贝吸食，以免堵塞食道，可用小汤匙将果冻弄碎后再给宝贝吃。

②**糖果**：带黏性的食物不好咬，容易造成宝贝哽噎，不适合三岁以下的幼儿。如硬糖、QQ糖、口香糖都不宜给宝贝吃。

③**鱿鱼丝**：纤维过长、咬感过硬的零食，诸如鱿鱼丝、牛肉干等，都不可以给宝贝吃。

④**花生酱**：黏稠度太强的食物，如花生酱、沙拉酱、番茄酱、咸大酱，都不适合幼儿食用。

⑤**坚果**：体积太大或太小的坚果类食物，如腰果、开心果、核桃等，很容易导致宝贝噎住喉咙或者未经咀嚼就下肚。

⑥**大籽水果**：容易整颗吞下的大籽水果，不适合直接给宝贝吃，如龙眼、葡萄、樱桃等，需去籽后给予果肉。

⑦**纤维较多的蔬菜**：纤维较多且不易咬烂的蔬菜不适合幼儿食用，如芹菜、黄豆芽等。

⑧**肉块**：对于大块的肉，宝贝乳牙咬不烂，若强吞下易哽噎，宜从肉馅、肉片、小块肉慢慢增加体积。

⑨**长条面**：过长的面食宝贝不易吃下，吸食时易呛到，料理时宜切小段再烹煮。

⑩**鱼**：给宝贝吃鱼时，应将鱼刺剔除干净，切勿因误食鱼刺伤及口腔与食道，或者选择鱼刺较少的种类烹煮。

掌握更多常识，做1～3岁宝贝的私人药膳师

三周岁以前的宝贝，由于抵抗力较弱，很容易出现常见的幼儿疾病，如感冒、便秘、腹泻等。宝贝一生病，父母自然是既紧张又心疼，应如何判断宝贝是否需要立刻送医，还是在家中先做第一步紧急处理呢？下面针对幼儿最常见的病症提供简易的饮食和护理原则，以解除新手家长育儿的种种不安。

1. 感 冒

感冒约占小儿常见疾病比例的2/3，1～3岁的幼儿感冒常见症状为高烧、鼻塞、流鼻涕、咳嗽、喉咙痛等，同时伴随呕吐或拉肚子等症状，导致活力与食欲变差。应对感冒没有专门的特效药，只要充分休息、充分补水，确认没有引发其他并发症即可。即使不吃药，小感冒也会在一周左右自然痊愈。

感冒虽然不是大病，却常常会引发幼儿的其他病症，在居家照顾上父母应当多留意。若宝贝出现呼吸困难、意识不清，应尽快去医院就诊，以免引发诸如支气管炎、肺炎、中耳炎、脑膜炎等并发症。若感冒症状较轻微，宝贝的食欲及活力都还正常，可先让宝贝服用家中的常备药物，如止咳糖浆、退烧药等，同时多喝水、多休息，若仍未好转再就医诊疗。若宝贝本身为过敏体质或者有哮喘病史，一定要及

时就医，即使小感冒也不可掉以轻心。除了药物，家中还应常备有体温计、退热贴、冰枕等物品，以备不时之需。

宝贝感冒期间，在饮食上宜清淡，须多喝开水，保持营养均衡，补充高蛋白质，以增加免疫力。若宝贝喉咙不舒服，不要吃过热的食物，应以流质为主。

2. 便秘

幼儿便秘通常是由于平时水分与蔬菜水果摄取太少、运动量不足，而造成排便困难，或是由于便便太硬，"嗯嗯"时肛门裂伤，宝贝怕痛而忍住不敢如厕，导致恶性循环，引起更严重的便秘。并不是有一天不排便就称为便秘，若排便规律，2～3天大便一次也不算是便秘，若超过4天没排便，就得去医院看大夫了。

小贴士

食物为何原封不动地拉出来

幼儿的咀嚼能力还不是很好，有时候食物没完全咬碎就吞下去，以至于在肠胃中无法消化完全，继而原封不动地随着便便排出来，特别像玉米粒、豌豆等，最容易出现这种现象。这意味着食物没有被宝贝消化，其含有的营养素也无法被吸收利用，可选择适合宝贝能力的食物与适当的烹调方式改善这一状况。

要改善宝贝便秘，首先要在饮食上做调整，多吃含丰富纤维的蔬果；平时可给予宝贝酸奶、优酪乳等含乳酸菌食品，促进肠胃蠕动、改善肠道环境；早上宝贝起床后给一杯温开水，也对缓解便秘有帮助。

一岁半左右，宝贝的肛门括约肌已基本发育成熟，可开始训练其养成每天固定时间排便的习惯。刚开始可先观察宝贝大概每天何时有便意，然后在每天相近的时间让宝贝自己坐在小马桶上，告诉他要用力"嗯嗯"，即使起初便不出来，也要让他坐大约10分钟再起来，这样很容易养成固定排便的好习惯。

3. 腹 痛

当宝贝说肚子痛时，爸爸妈妈通常会一头雾水，搞不清楚宝贝是肚子饿了还是真的肚子痛，问宝贝哪里痛，他会指着肚脐。

通常幼儿的腹痛分为急性与慢性两种，急性腹痛主要是源于急性肠胃炎、肠阻塞、肠套叠等病症，需即刻就医紧急处理；慢性腹痛（三个月内出现3次以上）通常查不出原因，并非身体器官有问题，多数情况是因为便秘所致，须从饮食方面改善。

若宝贝一会儿抱着肚子喊痛，过一会儿又活蹦乱跳，爸爸妈妈则无需太担心，这种"慢性反复腹痛"是发育期幼儿常有的现象，疼痛时间短、痛感不强烈，通常

不超过10分钟，导因于肠道不规则蠕动或神经作用不协调，使肠道强烈收缩后产生疼痛感，绞痛过后又恢复正常。

若宝贝发育情形良好，每次腹部阵痛未超过15分钟，则不需要看医生；宝贝肚子痛时可帮其轻轻按摩腹部，平时少给宝贝吃生冷食物，碳酸气泡类饮料尤其要避免，睡觉时注意盖被子，避免宝贝肚子着凉。

1～2岁的幼儿，肠胃道比较敏感，易被肠炎病菌侵入，或因食物的刺激而造成腹泻（拉肚子）。宝贝腹泻时，饮食宜清淡，太甜或太油腻的食物都不适宜，可以喂食稀饭、米糊，搭配水煮青菜、豆腐、清蒸鱼肉等，水果则可选择苹果，有助止泻。

4. 宝贝生病时喝什么水

宝贝生病时，当父母的心情是既难过又紧张，不仅担心宝贝有无胃口，更担心宝贝体力消耗过度，此时若无法自制饮品，不妨选用正确的水快速补充宝贝所失水分。

海洋深层水： 具有与人体细胞的渗透压相等之水，含丰富矿物质，容易被人体细胞吸收利用。当小宝贝因感冒严重腹泻时，不妨以海洋深层水来冲奶或补充额外的水分。

蒸馏水： 经过蒸馏、过滤后无杂质的纯水，是宝贝外出时担心水土不服时的最佳饮用水。不过蒸馏水缺少水中应有的矿物质，不可以长期饮用，否则体内矿物质容易不平衡，继而导致成长障碍。

矿泉水： 来自于大地自然涌出的泉水，杂质少，含少许矿物质，这也是平时最常见的一种特殊水。可以去附近超市购买知名的且质检合格的矿泉水，以确保安全，平时亦可用其取代温开水，泡配方奶给宝贝饮用。

5. 过 敏

宝贝引起过敏的因素，包括"遗传""环境""食物"三大方面，过敏症

状会在宝贝身体的各个部位出现，常见的如过敏性鼻炎（鼻子）、过敏性气喘（肺部）、过敏性结膜炎（眼睛）、荨麻疹与湿疹（皮肤）等。

生活中最常见的环境过敏原是"尘螨"，其他的包括室内灰尘、霉菌、花粉、面粉、宠物毛、皮屑、蟑螂等；食物过敏的过敏原主要有蛋类、奶制品、豆类、硬壳海鲜（如虾、蟹、贝）、鱼类、花生、坚果、巧克力、草莓、食品添加剂（如人工色素、防腐剂）等。此外，药物、气候变化、空气污染、剧烈运动等因素，都会使宝贝的过敏反应加重。只要是两周岁以上的幼儿，都可以到大医院抽血做过敏原检测，以便日常生活中加以预防。

婴幼儿时期，宝贝的脸部、手、脚出现湿疹、异位性皮肤炎，以及喝奶制品过敏是最为常见的，而气喘症状（在半夜及清晨咳嗽、呼吸困难），时常鼻塞及揉鼻子、揉眼睛、黑眼圈等，都是过敏体质的特征。

宝贝在不同年龄段会出现不同的过敏症状。比如三周岁之前，宝贝最常发生食物过敏和异位性皮肤炎的问题；3~6岁会出现呼吸道问题，再大一些，可能会出现过敏性鼻炎、结膜炎。

对于有过敏体质的宝贝，生活中应努力做到以下几点：少给宝贝绒毛玩具；

不使用毛毯；床单、被套、枕头套每周清洗一次（建议用60℃温水清洗）；家中不铺地毯和厚重窗帘；室内保持干燥，避免厕所霉菌滋生、墙壁变黑；宝贝的寝室内常用加湿器；常开门窗，保持室内空气流通，避免使用杀虫剂及吸烟；宜使用吸尘器打扫，避免用扫帚使灰尘扬起；少给宝贝吃冰凉的食物。

此外，应建立宝贝的过敏食物清单。每个过敏宝贝的过敏原都不同，唯有让宝贝亲自尝试，才能确认哪些是必须完全避开的。平时多吃含维生素C的蔬果预防感冒和气喘，补充能强化肠道功能的益生菌，都能有效对抗过敏。

油脂可帮助脂溶性维生素A、维生素D、维生素E、维生素K的吸收与利用，并提供必需脂肪酸，维持宝贝正常的生长及皮肤养护。在选择食材制作时，不妨选择次亚麻油酸含量较多的食物，如菠菜、白菜、萝卜、荞麦、核桃、大豆等，炒菜时可使用亚麻籽油、大豆油、芥花油等。

两周岁以下的宝贝经常出现食物过敏，但随着年龄增长过敏症状会逐渐好转，过度担心食物过敏而限制饮食，反而容易造成宝贝营养失衡。

因过敏而忌口的食物		可代替的食物
奶制品过敏	鲜牛奶、配方奶粉、酸奶	豆粉、天然榨取果汁
	奶油、奶酪	暂不食用同类食品
	奶昔、冰淇淋	果冻
	含奶的蛋糕、威化饼干	不含奶糕饼、苏打饼干
蛋类过敏	鸡蛋、鸭蛋、皮蛋	暂不食用同类食品
	蘸蛋液的油炸物外皮	不加蛋，只用溶水的面粉
	含蛋的脆皮蛋卷	不含蛋的饼干
	鸡蛋面	冬粉、米粉、河粉
	布丁、蛋塔	果冻
豆类过敏	大豆、毛豆	暂不食用同类食品
	豆浆	如对奶制品不过敏，可相应替换
	大豆色拉油	橄榄油、菜籽油
	馅类食品(如红豆沙、绿豆沙)	地瓜泥、南瓜饼

第二章

1~2岁
宝贝的营养美味膳食

- 1~1.5岁宝贝正常发育的表现及护理
- 1.5~2岁宝贝正常发育的表现及护理
- 25道适合此阶段宝贝的美味膳食

1～1.5岁宝贝成长备忘录

一岁至一岁半的宝贝，身体发育仍然速度不减，尽管跟婴儿期相比稍有放缓。这一阶段的宝贝，半年时间体重约增加1～1.5公斤，身高约增加5厘米左右。每个宝贝都有独特的生长速率，只要按照自己的生长曲线成长，家长就不必太过担心。

宝贝生理指标	1～1.5岁宝贝性别及成长值	
身高（厘米）	男宝贝	70～88
	女宝贝	69～87.5
体重（千克）	男宝贝	8.2～14.5
	女宝贝	7.5～13.5
头围（厘米）	男宝贝	46～47
	女宝贝	45～46

注1：每个宝贝的遗传因素不同，高矮胖瘦并无一定标准，只要符合生长曲线即为发育正常。本表数值仅供参考。

1. 发育正常的动作表现

一岁至一岁半的宝贝，已经会走路了，无需爸爸妈妈扶着，也能平稳站立。刚开始蹒跚学走路，宝贝难免会跌倒，跌倒后通常需要大人拉着或自己扶着东西才能站起来。大约1岁零3个月，宝贝就能自己走得很好了。由于个体差异，通常在一岁半之前学会走路，都属正常情况。

1岁零3个月时，宝贝喜欢重复做同一个动作；细微动作上已经会用拇指跟食指捏住小东西；喜欢把盒子里的玩具拿出来再放回去；喜欢把东西往下扔或者倒出来；可以垒起两三块高的积木；能自己把袜子脱掉；帮宝贝穿衣服时，他会主动伸出手臂和腿；能用双手拿杯子喝水，但常常洒出来。

到了一岁半左右，宝贝可以扶着栏杆上楼梯；能自己用汤匙吃饭；会拿起画笔随意画画；若玩具在眼前被藏起来，懂得自己去找。

2. 发育正常的智力与情绪表现

一岁至一岁半的宝贝，爱模仿大人说话，已经懂得一些有意义的词语，知道"爸爸""妈妈"或是其他较亲近的人

的称呼；会说两三个字的话，多使用叠字或模仿东西的声音来表示，比如"喵喵"代表猫、"嘀嘀"代表车；会给熟悉的玩具起名字，如"球球""熊熊"；懂得简单的命令式语句；不再以单一的哭来表达需要，除了哭和笑，已经会表达害怕、不喜欢、生气、惊讶、感兴趣等情绪；爸爸妈妈离开时，会表现出伤心与焦虑的样子。

一岁半的宝贝已经能正确指出身上的某些部位，如五官、手、脚，也能认得图片上一些简单的东西；可以连着说出几个单字，也能简单表达自己的意思，比如

"妈妈抱抱"、"我要"；听得懂大人的话，可能有一阵子不太爱说话，却突然间进步得很快。

3. 宝贝的日常护理要点

开始学会走路后，宝贝的生活空间逐渐变大，厨房的碗柜、书桌的抽屉，都成了宝贝探险的一部分；走路还不稳的宝贝，时常会摔倒，父母要鼓励宝贝自己爬起来，并将容易绊到宝贝的电线尽可能藏好；宝贝喜欢玩开关按钮，觉得电灯与电视的变化都很有趣；由于对高度尚未认知，宝贝会随意攀爬楼梯、垫

脚尖够取高处的东西等，父母要多注意此阶段宝贝的类似行为，以免发生意外，并将危险物品（如药品、洗洁剂）收好，衣柜、洗衣机、浴室门都关好，将危险几率降至最低。

父母不妨多花点时间与宝贝在一起，同看一些认知的图片书，教他认识颜色、形状、物品、名称；多跟宝贝交谈，能提高宝贝的表达能力；还可以选择有益身心发展的玩具，如认识形状和颜色的积木、练习走路的小推车、会发出声音的音乐玩具等，选择和购买有安全标志的玩具；不宜给宝贝买有小零件的玩具，以免宝贝误食或放入鼻腔中发生危险。

1~1.5岁宝贝 成长指标	具体表现
正常动作表现	□ 不需要爸爸妈妈扶着，也能平稳站立。 □ 蹒跚学走路时，难免跌倒，需要大人扶着才能站起。 □ 喜欢重复做同一个动作。 □ 能用拇指跟食指捏住小东西。 □ 喜欢把玩具来回摆放，往下扔或者倒出来。 □ 会自己脱袜，帮宝贝穿衣服时，他会主动伸出手臂和腿。 □ 能用双手拿杯子喝水，但常常洒出来。 □ 可以扶着栏杆上楼梯。
正常智力与 情绪表现	□ 爱模仿大人说话。 □ 知道"爸爸""妈妈"或其他身边人的称呼。 □ 会说两三个字的话。 □ 多使用叠字或模仿东西的声音来表示。 □ 爱给熟悉的玩具起名字。 □ 除了哭和笑，会表达害怕、不喜欢、生气、惊讶、感兴趣等情绪。 □ 爸爸妈妈离开时，会表现出伤心与焦虑。 □ 能正确指出身上的某些部位，也认得简单的图案。 □ 能连着说出几个单字，表达简单的意思。
日常护理要点	□ 宝贝跌倒时，鼓励他自己爬起来，将容易绊到宝贝的电线尽可能藏好。 □ 注意宝贝攀爬楼梯、垫脚尖够取高处的东西等危险情况。 □ 将危险物品（如药品、洗洁剂）收好，衣柜、洗衣机、浴室门都关好。 □ 多花点时间与宝贝在一起，同看一些认知图片书，教宝贝认识颜色、形状、物品、名称等。 □ 多跟宝贝语言交谈，提高宝贝的表达能力。 □ 不宜给宝贝买有小零件的玩具，以免宝贝误食或放入鼻腔。

注1：1~1.5岁宝贝的成长发育状况不尽相同，动作、智力与情绪表现也有差异，本表为多数1~1.5岁宝贝的共性特点，作为家长的自查参考。可在表中"□"处将符合的选项打"√"。

1.5～2岁宝贝成长备忘录

一岁半至两周岁的宝贝，平均身高约增加5厘米，体重约增加1～2公斤。宝贝的体型上已初具幼儿形态，只要按照自己的生长曲线成长，家长对于成长数据就不必太过担心。

宝贝生理指标	4～6个月宝贝性别及成长值	
身高（厘米）	男宝贝	76～94
	女宝贝	75～93.5
体重（千克）	男宝贝	9～16
	女宝贝	8.6～15.3
头围（厘米）	男宝贝	47～48.5
	女宝贝	47～48

注1：每个宝贝的遗传因素不同，高矮胖瘦并无一定标准，只要符合生长曲线即为发育正常。本表数值仅供参考。

1. 发育正常的动作表现

一岁半至两岁的宝贝，已经走得相当稳，小步子迈得很不错，还能倒退走；用手扶着栏杆，能走下楼梯；可以自己蹲下去捡东西，喜欢在桌椅上爬上爬下，也能用小脚踢球了。

这一阶段，宝贝听到音乐就会扭动身体，跟着打拍子；小手变得更灵巧，积木可以垒得很高；还能自己剥糖果纸；喜欢转动门把手，但不一定打得开；会自己穿鞋子，但分不清楚左右脚；喜欢将水在两个杯子里倒来倒去，也能自己拿杯子喝水，有时水杯还没碰到嘴就倾斜着往嘴里倒，弄得浑身都是水。

2. 发育正常的智力与情绪表现

一岁半至两岁的宝贝，好奇心已经非常强烈，开始知道每种东西都有其称呼，所以不断地问"这是什么""那是什么"，就算问过了还是会重复问；除此之外，宝贝什么事都想试试看，但注意力不容易持久，很快就被新鲜事吸引而忘了原本正在做的事；宝贝会从数字1开始数数，但是并不知道每个数代表什么含义；能够把两三个单词连在一起说出来，但是表达方式是单词形式的，想到什么就说什

么，没有文法的概念，此阶段语言能力的进步相当神速。

宝贝越来越有自己的主张，会出现嫉妒的情绪反应，妈妈若抱别的小朋友，他会生气地把小朋友推开；宝贝喜欢强调所有权，常说"这是我的"，可以多让宝贝与其他小朋友一起玩，提出"分享"的观念；当大人不了解宝贝的意思，或是想做某件事却做不好时，一岁半以上的宝贝常常用跺脚来表达生气和不满，父母应适时转移宝贝注意力，偶尔采取不理睬的态度，宝贝发现没人理他，就会停止跺脚和哭闹。

宝贝的小脑袋已具备思考能力，爱探索的天性让他喜欢去扭转音响的音量大小，或者切换电灯开关。宝贝并不单纯因为好玩而去做某件事，也会因为大人的"不可以"故意去做。"探索"是此阶段宝贝认知环境的一种方式，过多的"不准动""不许拿"只会压抑宝贝的求知欲，若小宝贝拿了不能玩的物品，千万别硬抢，应用另一个玩具跟他交换。家长"不"说得越少，加上严肃认真的表情，就能在宝贝身上起到效果。禁止宝贝做的事，每次态度都要一致，不要这次说"行"，下次又说"不可以"，否则宝贝会无所适从，引发情绪障碍。

3. 宝贝的日常护理要点

这一阶段，应尽可能引导宝贝多开口说话，鼓励他用语言表达，教宝贝认识东西，学说话。譬如说，当宝贝指着某个东西叫的时候，大人可以假装听不懂地对他说"宝贝，你想要什么啊"，直到宝贝用语言基本表达出来；如果宝贝真的说不出来，可以说一次给宝贝听，之后要求宝贝跟着说一遍。如果宝贝发音不正确，需要及时纠正，而不要只是哈哈一笑了之。

跟宝贝说话时，需要用肯定的语气，一次只表示一种指令。宝贝没办法一次理解"走过来""坐下"等两个以上的动作，同时父母表达时要辅以手势，这样宝贝会更容易理解。此外，要告诉宝贝"这样做好"，不要表达为"那样做不好"，例如要告诉宝贝"要乖乖坐好吃饭"，不要说"不可以站着吃饭"。

同时，应避免用伤害性的语言跟宝贝说话，比如当宝贝把水打翻的时候，别骂他"你是个麻烦精"，应告诉他如何解决才是好办法，比如说"我们一起擦干净吧"。宝贝幼小的心灵非常需要赞美与肯定，多用正面的话语跟他讲话，宝贝以后才能成为自信和心态积极的人。

1.5~2岁宝贝 成长指标	具体表现
正常动作表现	□ 走路相当稳，小步子迈得不错，能倒退走。 □ 用手扶着栏杆，能走下楼梯。 □ 会蹲下去捡东西。 □ 喜欢在桌椅上爬上爬下。 □ 能用小脚踢球。 □ 听到音乐会扭动身体，打拍子。 □ 小手变得灵巧，积木垒得高。 □ 喜欢将水在两个杯子里倒来倒去，也能拿杯子喝水。
正常智力与 情绪表现	□ 不断地问"这是什么""那是什么"，就算问过了还是会重复地再问。 □ 什么事都想试试看，但注意力不容易持久，很快就被新鲜事吸引而忘了原本正在做的事。 □ 开始学数数，但是并不知道具体含义。 □ 能够把两三个单词连在一起说出来，但是表达方式是单词形式，没有文法的概念。 □ 妈妈若抱别的小朋友，会生气地推开小朋友。 □ 喜欢强调所有权，常说"这是我的"。 □ 当大人不了解宝贝的意思，或是想做某件事却做不好时，常用跺脚来表达生气和不满。
日常护理要点	□ 尽可能引导宝贝多开口说话，鼓励其用语言表达，教宝贝认识东西，学说话。 □ 和宝贝说话时，多用肯定的语气，一次只表示一种指令。 □ 避免使用伤害性的语言，少对宝贝说"不"。

　　注1：1.5~2岁宝贝的成长发育状况不尽相同，动作、智力与情绪表现也有差异，本表为多数1.5~2岁宝贝的共性特点，作为家长的自查参考。可在表中"□"处将符合的选项打"√"。

1～2岁宝贝营养膳食菜单

1～2岁宝贝每日订餐表				
	【米粥】	【面食】	【家常菜】	【汤品】
早餐				
午餐				
晚餐				

妈咪主厨（签名）：

宝贝食客（签名）：

宝贝用餐满意度： ☆ ☆ ☆ ☆ ☆

日期：＿＿＿＿＿＿

1～2岁宝贝自选菜单	
○米粥类	①山药鸡肉粥　②什锦炊饭　③鲑鱼炖饭　④碗粿　　⑤五彩寿司卷
□面食类	①蒸蛋乌龙面　②肉羹面　③牛肉河粉　④鱼肉混沌　⑤蔬菜面疙瘩
△家常菜	①番茄豆腐　②蟹肉蒸蛋　③蔬菜烘蛋　④焗烤鱿鱼　⑤酱烧鱼排 ⑥茄汁狮子头　⑦山药虾堡　⑧芋头炒肉　⑨马铃薯沙拉
◇风味汤品	①南瓜浓汤　②豆腐鱼汤　③蔬菜干贝浓汤　④虾仁玉米浓汤 ⑤牛肉寿喜烧　⑥意式乡村蔬菜汤

"每日订餐表+自选菜单"使用说明：

（1）针对1～2岁宝贝与妈妈亲子互动，旨在让每日用餐变得轻松有趣，使妈妈有为宝贝下厨的欲望，也让宝贝在懵懂点餐时，对颜色、形状和数字有初步启蒙。

（2）妈妈可在电脑上制作空白的"每日订餐表"，批量打印备用。

（3）每一餐制作前，妈妈可主动询问宝贝，让宝贝翻看本章精美菜肴图片，在"自选菜单"的四类中各选出一种菜品，让宝贝用正确颜色的笔（蜡笔或水彩笔），画出正确的符号和数字，填在"每日订餐表"的对应栏目处。

例如，早餐一栏可这样填写——

	【米粥】	【面食】	【家常菜】	【汤品】
早餐	○1	□2	△3	◇4

（4）宝贝当天用餐完毕后，妈妈应在"妈咪主厨（签名）"一栏签名；让宝贝在"宝贝食客（签名）"一栏，按下指印或手掌印；"宝贝用餐满意度"一栏有五颗空白的小星星，可根据宝贝意见，用红笔在上面涂满相应的几颗星，如满意度为四颗星，即涂写为"★★★★☆"；"日期"一栏，写下具体年月日。

（5）每日订餐表填写完毕后，建议放入专用文件夹里归档整理，作为宝贝饮食的记录，这也是妈妈和宝贝之间最值得回味的亲子记忆。

山药
鸡肉粥

营养分析

●蛋白质14克　●脂肪7.5克　●糖类32.5克

食材

大米……1杯

山药……300克

去骨鸡腿肉……1根

鸡骨浓汤……2块

枸杞……2大匙

做法

1　白米洗净沥干水分，山药去皮后切小丁，备用。

2　鸡腿肉切小丁，放入滚水中焯烫至变白，捞起备用。

3　除枸杞外的所有食材都放入锅中，用大火煮滚，转小火续煮至食材熟软。

4　最后加入枸杞，煮滚即可。

小贴士

　　山药益肾健脾，止泻化痰，所含黏性蛋白质可改善宝贝食欲不振的状况。当宝贝有腹泻症状时，则应暂停食用山药，以免消化不良。枸杞营养丰富，能增强宝贝抵抗力，维护视力。

蒸蛋乌龙面

营养分析

● 蛋白质9克　● 脂肪5克　● 糖类15克

食材 1　豌豆……2大匙

　　　鸡骨浓汤……1小块

　　　鸡蛋……1个

2　乌龙面……30克

　　盐……少许

　　鸡骨浓汤……2小块

做法

1　将豌豆放入鸡骨浓汤中煮熟，沥干水分，用研磨器磨成泥状备用。

2　鸡蛋打散，加入少许盐、鸡骨浓汤调味，加入切小段的乌龙面混合拌匀，再加入豌豆泥。

3　蒸锅中倒入水煮滚，将以上食材放入蒸笼，大火蒸25分钟至熟即可。

小贴士

乌龙面，也称乌冬面，是一种以小麦为原料制造的面，在粗细和长度方面有特别的规定，其味道特别，可提供给宝贝热量。鸡蛋则能维持宝贝生长发育，提升身体免疫力。

肉羹面

● 蛋白质14.6克 ● 脂肪7.5克 ● 糖类20克

食材 1 酱油……少许

蒜泥……少许

五香粉……少许

2 鸡丝面……1小包

猪里脊肉……50克

鸡肉浓汤……2块

太白粉……少许

碗豆苗……少许

洋葱末……少许

做法

1 猪里脊肉切成小薄片，用少许酱油、蒜泥、五香粉腌渍。

2 腌渍约30分钟后，取出肉片沾裹太白粉，鸡丝面剪成小段备用。

3 将鸡骨浓汤放入水中煮滚，再加入肉片煮至熟软。

4 最后加入鸡丝面、碗豆苗与红葱头末，煮熟即可。

牛肉河粉

营养分析

● 蛋白质14.6克　● 脂肪7.5克　● 糖类30.5克

 河粉……60克

牛肉片……50克

牛肉浓汤……2块

豆芽……少许

香菜……少许

芹菜末……少许

做 法

1. 将河粉切成小段（约2厘米长），放入滚水中煮熟，捞起后用冷开水冲凉，备用。

2. 将牛肉浓汤煮滚，加入牛肉片煮熟。

3. 加入豆芽、香菜和芹菜煮滚，熄火后加入河粉即可。

小贴士

　　牛肉含维生素B_{12}与铁质，可增进宝贝气色，提高宝贝学习力与记忆力。猪肉含丰富维生素B族与铁质，能有效提高宝贝的抵抗力。浓汤可采用市售产品，与每道菜的口味相符。

鱼肉馄饨

营养分析

●蛋白质14.3克　●脂肪7.5克　●糖类27.1克

食材

1 黄鱼剔骨肉……200克

韭黄末……200克

胡萝卜末……50克

荸荠……2个

芦笋……1个

2 香油……少许

姜末……少许

盐……适量

3 馄饨皮……5~8张

做法

1 剔骨鱼肉切末，与韭黄末、胡萝卜末、荸荠末、香油、姜末和少许盐混合拌匀为馅料。

2 芦笋削除粗纤维后切小段，备用。

3 取馄饨皮放入适量鱼肉馅捏好，可冷冻保存。

4 每次取需要量放入浓汤中，煮至馄饨浮至水面，加入芦笋续煮至滚即可。

小贴士

芦笋含纤维较多且不易咬烂，对尚未长白齿的一岁半以前的宝贝并不适合，建议宝贝大一点时再添加芦笋。鱼肉含有维生素B$_2$及含量丰富的低脂优质蛋白，能促进宝贝成长发育及细胞再生，维护皮肤、指甲与毛发的健康。

蔬菜面疙瘩

营养分析

● 蛋白质8.3克 ● 脂肪2.5克 ● 糖类13.4克

食材

1 菠菜……30克

胡萝卜……30克

马铃薯……30克

中筋面粉……5大匙

鸡肉浓汤……2块

盐……适量

2 猪肉丝……30克

高丽菜丝……50克

酱油……少许

盐……少许

做法

1 制作蔬菜泥：菠菜放入适量滚水中烫熟，捞出后放入榨汁机中搅打成泥；胡萝卜去皮切小丁，马铃薯去皮切小丁，放入滚水中煮软，捞出后按照相同方式制作成泥。

2 菠菜泥、胡萝卜泥、马铃薯泥，分别加入2大匙中筋面粉，拌匀呈糊状，调制出三种口味的面疙瘩，分别以小汤匙舀入滚水里，煮成小面团。

3 将鸡肉浓汤煮滚，放入面疙瘩，续煮至面疙瘩浮于水面，加入少许盐调味，即可熄火。

4 起油锅，放入猪肉丝、高丽菜丝拌炒至肉丝变白，加入少许酱油和盐调味，盛入面疙瘩即可。

小贴士

菠菜、胡萝卜与马铃薯均含丰富叶酸，可增强宝贝免疫力，帮助制造红血球以预防贫血，并维护宝贝神经系统与皮肤健康。高丽菜即结球甘蓝，又称洋白菜、圆白菜、包心菜、卷心菜，含有丰富的维生素，其中以维生素A最多，与胡萝卜、花椰菜并称为三种"最适宜给不同年龄段宝贝食用的蔬菜"。

什锦炊饭

营养分析

● 蛋白质9.6克 ● 脂肪2.5克 ● 糖类25.5克

食材

糙米……1杯

燕麦……1/4杯

鸡骨浓汤……2小块

生香菇……5～8朵

猪肉馅……50克

豌豆……少许

做法

1 糙米和燕麦洗净，浸泡在足量清水中约1小时，洗净沥干水分；香菇泡好后切小丁备用。

2 锅中倒入鸡骨浓汤，加入香菇丁、猪肉馅与豌豆仁，放入微波炉或电饭锅中蒸熟即可。

小贴士

给一岁半以前的宝贝食用时，可将猪肉馅换成去刺的鱼肉馅等，保证肉质较软，宝贝用牙龈能够慢慢磨碎；若担心宝贝不容易咀嚼香菇丁，可不添加；糙米、燕麦与猪肉都富含维生素B_1，可改善宝贝食欲不振、焦躁易怒、注意力无法集中等表现。

鲑鱼炖饭

营养分析

☐蛋白质17.7克　☐脂肪11.4克　☐糖类41.1克

食材

大米……1/2杯

洋葱末……50克

去骨鲑鱼末……300克

蔬菜浓汤……2块

花椰菜……适量

做法

1 白米洗净后，沥干水分；花椰菜分成小朵，备用。

2 起油锅，爆香洋葱末，放入鲑鱼末稍微拌炒。

3 加入大米和浓汤，用中小火炖煮至熟软。

4 加入花椰菜，续煮至汤汁收干即可。

小贴士

花椰菜需要熟至松软后，才可给一岁半以前的宝贝食用。宝贝讨厌吃鱼，多半是缘于鱼刺，喉咙很容易就被鱼刺喧着。不妨选购刺不多的鱼种（如鲑鱼、鳕鱼），在烹调之前应将鱼刺全部挑除，将鱼肉弄碎。鲑鱼含丰富维生素B_2及钙质，对于宝贝骨骼及牙齿发育很重要。

碗　稞

营养分析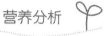

蛋白质14.6克　　脂肪7.5克　　糖类30克

食材

1 干香菇……10朵

虾米……2小匙

红葱头……5瓣

猪肉馅……100克

酱油……少许

2 细砂糖……1/2匙

蒜泥……2小匙

温开水……30毫升

3 米粉……170克

太白粉……20克

温开水……1杯

热水……2.5杯

做法

1　干香菇与虾米泡软后切碎；红葱头剥皮后切成薄片；都混在一起调匀后即为酱料。

2　起油锅，加入香菇、虾米爆香，加入猪肉馅拌炒至熟，再加入少量酱油拌匀，即为肉馅料。

3　将米粉与太白粉放入盆里，先加入温开水拌匀，再加热水拌匀，用小火煮至呈黏稠状，持续搅拌至无颗粒。

4　熄火后再搅拌数分钟至浓稠，倒入碗中约八分满，覆盖保鲜膜备用。

5　蒸锅中倒入水煮滚，将装满粉浆的碗放入蒸锅，用大火蒸2分钟，再各放入1大匙肉馅于碗里。

6　续蒸5分钟后取出，即可食用。

小贴士

香菇含维生素B_1、烟碱酸及钙质，可增进宝贝智力与体力发育，维护宝贝的消化系统、心脏功能，并促进发育正常。

营养分析

- 蛋白质19.5克

- 脂肪9克

- 糖类28.5克

五彩
寿司卷

食材 **1** 寿司饭……3碗

寿司海苔……5~10片

2 小黄瓜……30克

番茄……30克

肉松……1匙

玉米粒……30克

做法

1 小黄瓜切丝，番茄切小块，备用。

2 用竹帘铺平，放上海苔片，均匀铺上1/2碗寿司饭，铺上小黄瓜丝，用竹帘卷成圆筒状，切成小片。

3 其他材料包法相同，分量可依宝贝喜好增减。

小贴士

　　寿司卷中包的蔬菜需要咀嚼，海苔片不易咬碎，建议宝贝一岁半以后、牙齿发育较健全后再食用。此道美食，可购买现成寿司醋与煮好的白饭拌匀，即为寿司饭，或自行调和寿司醋。番茄与小黄瓜含丰富β-胡萝卜素、维生素C，可预防皮肤感染，提高宝贝免疫机能。五彩寿司卷颜色鲜艳丰富，可提高宝贝的食欲。

小贴士

　　番茄末里可加入少许橄榄油、蒜末拌匀，再淋于豆腐上，即为大人口味。豆腐含有丰富的蛋白质、维生素E、泛酸与钙质，可促进宝贝中枢神经系统的正常运转，增强抵抗力，促进生长发育。

营养分析

● 蛋白质7.3克　● 脂肪7.5克　● 糖类11.3克

番茄豆腐

食材 嫩豆腐……1块

　　　番茄末……50克

　　　盐……少许

做法

1　豆腐去除多余水分，表面撒上少许盐调味，备用。

2　将豆腐放入平底锅，用小火煎至两面呈金黄色，盖上锅盖焖一会。

3　起锅之前，加入番茄末，焖10秒钟即可。

● 蛋白质10.5克　● 脂肪7.5克

蟹肉蒸蛋

食材

鸡蛋……2个

鸡茸……1大匙

蟹脚肉……1大匙

鸡骨浓汤……2块

盐……少许

做法

1　将鸡茸、蟹肉丝放入大碗，备用。

2　将鸡蛋打散后滤除杂质，与鸡骨浓汤、少许盐拌匀，倒入鸡茸和蟹脚丝至八分满。

3　蒸锅中倒入水煮滚，将以上食材都放入蒸笼中，用大火蒸约20分钟至熟（可用竹签插入蒸蛋，若未沾黏蛋液，则表示熟了）。

小贴士

　　鸡茸是福建建瓯的一道名菜，虽名为鸡茸，原料却是猪肉。其主要做法是将瘦肉剁成泥拌入鸡蛋，再加土豆粉调水入锅，加热搅拌成浓糊，再加入肉泥和切成丝的猪肚，边加热边搅拌，煮熟后出锅调味即成。

　　鸡蛋含丰富的优质蛋白质、维生素B族及脂溶性维生素，可促进宝贝成长发育；蟹肉含营养素铜，可帮助铁质进入血浆中，达到预防贫血的功效。

蔬菜烘蛋

蛋白质10.7克　　脂肪12.5克　　糖类10克

食材 鸡蛋……3个

　　　高丽菜丝……10克

　　　金针菇……10克

　　　香菇丝……10克

　　　红椒丝……10克

做法

　　将全部材料拌匀，倒入平底锅中，用中火煎至两面呈金黄色，即可给宝贝食用。

小贴士

　　此道美食可以将全蛋打发，再拌入其他食材，这样烘蛋的质地会较膨松。这道蔬菜烘蛋，若想给一岁半以前的宝贝食用，建议将蔬菜全部切碎，再与蛋拌匀煎熟。

● 蛋白质4.1克 ● 脂肪6克 ● 糖类16.8克

马铃薯沙拉

食材

马铃薯……150克

胡萝卜……80克

西蓝花……5~7朵

玉米粒……2大匙

千岛酱……适量

做法

1 西蓝花撕成小朵，放入滚水中焯熟，备用。

2 马铃薯、胡萝卜去皮后切小丁，放入滚水中煮软，捞起后沥干水分。

3 加入玉米粒、西蓝花，再加入千岛酱拌匀，即可食用。

小贴士

　　建议西蓝花煮至熟透松软，并将所有食材压成泥状拌匀，这样一岁半以前宝贝才可食用。千岛酱可以去超市购买，也可以自制，方法是：取1大匙色拉酱与1大匙番茄酱，再加1小匙细砂糖拌匀。玉米、胡萝卜含有β-胡萝卜素，可保护眼睛与皮肤。

焗烤鱿鱼

营养分析

蛋白质3.5克　脂肪5.5克　糖类9克

食材 1 鱿鱼……100克

蒜泥……1小匙

2 盐……适量

沙拉酱……少许

番茄酱……少许

做法

1 烤盘上铺1张锡箔纸，铺上蒜泥、鱿鱼片，

均匀撒上盐，刷上沙拉酱、番茄酱。

2 将烤盘放入烤箱，以180℃烤约15分钟至表面上色，即可。

小贴士

鱿鱼含维生素D，可协助钙质吸收，促进宝贝骨骼与牙齿的正常发育。此道美食中，沙拉酱和番茄酱应少量。

酱烧鱼排

营养分析

●蛋白质7.2克 ●脂肪7.5克 ●糖类12.5克

食材

1 鱿鱼⋯⋯200克

菠菜⋯⋯3根

蒜泥⋯⋯少许

2 细砂糖⋯⋯1/2小匙

酱油⋯⋯少许

水⋯⋯少许

太白粉⋯⋯少许

做法

1 菠菜切小段后，放入滚水中焯烫后捞起，加入蒜泥拌匀，再铺于盘中，备用。

2 平底锅中放入鱿鱼，煎至两面微黄，放入细砂糖、酱油与水煮滚。

3 最后以太白粉水勾薄芡，盛入已装入菠菜的盘中。

小贴士

　　番茄含维生素B₆、维生素C与茄红素，可增加宝贝体内免疫细胞，协助红血球生成，对于健全免疫系统、预防贫血有不错功效。荸荠自古就有"地下雪梨"之美誉，北方人视之为"江南人参"，治呃逆，消积食，但要注意不可让宝贝多食。

营养分析

◎蛋白质20克　◎脂肪30.5克　◎糖类18.5克

茄汁狮子头

食材

1　猪肉馅……300克

　　洋葱……1/2个

　　荸荠……2个

　　青葱……3根

　　姜末……适量

　　盐……少许

　　鸡蛋……1个

2　蒜头……3瓣

　　番茄……1个

　　番茄酱……3大匙

　　蔬菜浓汤……1大块

做法

1　洋葱去皮后切末；荸荠、青葱、蒜头切末；番茄切小丁，备用。

2　将洋葱末、荸荠末、青葱末与猪肉馅混合，加入姜末、少许盐和蛋液，搅拌至呈黏稠状，捏成约硬币大小的球，备用。

3　起油锅，放入捏好的肉球，煎至表面呈金黄色，沥干油分。

4　油锅中加入蒜末、番茄丁爆香，加入以上食材煮滚。

5　最后放入肉球，用中小火炖煮至汤汁呈稠状，即可食用。

营养分析

●蛋白质11.5克 ●脂肪7.5克 ●糖类7.5克

牛肉寿喜烧

食材 **1** 薄牛肉片……300克

大白菜……150克

生香菇……5朵

小白菜……少许

魔芋丝……50克

2 酱油……少许

细砂糖……1小匙

牛肉浓汤……2块

做法

1 大白菜剥片后切小片；香菇切小丁；小白菜切小段，备用。

2 起锅，加入牛肉浓汤煮滚，依次放入牛肉片、大白菜、香菇续煮至熟软。

3 再加入小白菜、魔芋丝煮熟，即可食用。

小贴士

给一岁半以前的宝贝食用时，肉片与蔬菜需切成小片；魔芋丝不易咀嚼，建议等宝贝大一点再给予。小白菜为深绿色蔬菜，富含维生素B族、维生素C，经常补充会促进宝贝发育，避免宝贝躁动。

芋头炒肉

营养分析

蛋白质18.9克　脂肪12.5克　糖类10.5克

食 材

猪肉……300克

芋头……150克

芦笋……2个

玉米粉……2大匙

胡萝卜丁……2大匙

蒜头……2瓣

酱油……少许

浓汤……1小块

做 法

1 猪肉切成小块；芋头去皮后切小丁，分别放入油锅。

2 炸至芋头表面稍微金黄，取出，沥干油。

3 再起油锅，加入蒜头爆香，再放入猪肉、芋头拌炒片刻。

4 加入酱油和浓汤，续煮至汤汁变稠，再放入芦笋，拌炒至熟软即可。

小贴士

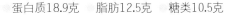

芋头、肉片和芦笋，因为质地较硬，给一岁半以前的宝贝食用时，需要烹煮得久一点。芋头含有丰富的维生素及较高的磷、钾、镁等矿物质，除了强化骨骼、维护牙齿健康外，还可抚平宝贝焦躁不安的情绪。

●蛋白质22.2克　●脂肪15克　●糖类8.5克

山药虾堡

食材 **1** 洋葱末……1小匙

　　　　沙拉酱……2大匙

　　　　干燥巴西里……1/2小匙

　　　　蛋黄……1个

　　　　柠檬汁……1/2小匙

　　　　苹果泥……1/2小匙

　　　 2 虾仁……300克

　　　　山药泥……50克

　　　　青椒丁……50克

　　　　嫩豆腐……半块

　　　　鸡蛋……1个

　　　　太白粉……适量

做法

1　将洋葱末泡入热开水中1分钟，捞起沥干，与其他"食材 **1** "拌匀，即为塔塔酱。

2　嫩豆腐去除水分，切小丁备用。

3　虾仁去肠泥后洗净，剁成泥状放入搅拌盆内，加入山药泥、青椒丁与豆腐丁一起拌匀，即为虾馅。

4　将虾馅分成4～5份，用手压扁成圆形，分别裹上蛋液和少许太白粉，放入平底锅中。

5　煎至两面呈金黄色，盛起后淋上塔塔酱即可。

小贴士

　　塔塔酱中的柠檬、苹果，含有丰富的维生素C，可协助铁质吸收；虾仁、蛋、豆腐，皆为优质蛋白质，不但易咀嚼消化，而且营养价值丰富。巴西里，又名欧芹、香芹，含有大量的铁、维生素A和维生素C，是一种香辛叶菜类，食用后可清胃涤热，利口齿润喉，醒脑健胃，润肺止咳。

干贝含丰富的维生素B族、维生素E，能促进正常的红血球细胞生成，提高精神注意力，避免宝贝出现溶血性贫血或掉发。

营养分析

● 蛋白质5.6克　● 脂肪2.5克　● 糖类12克

蔬菜干贝浓汤

食材

菠菜……150克

干贝丁……100克

鸡蛋蛋白……3个

太白粉……1匙

浓汤……2块

盐……适量

做法

1 菠菜放入滚水中焯烫，捞起沥干水分，再放入榨汁机中搅打成泥，加入鸡蛋的蛋白拌匀备用。

2 将浓汤煮滚后转小火，以太白粉水勾薄芡，加入干贝丁。

3 将菠菜泥筛入汤中煮滚，以盐调味，即可给宝贝食用。

●蛋白质23.6克　●脂肪19克　●糖类30克

虾仁玉米浓汤

食材 1 虾仁……10个

玉米粒……150克

鸡茸……50克

浓汤……3块

鸡蛋……2个

2 橄榄油……2大匙

中筋面粉……3大匙

做法

1 虾仁去肠泥后洗净，切小丁备用。

2 将橄榄油倒入锅里，用小火加热，加入面粉炒至呈糊状（过热时可离火拌炒）。

3 分次加入浓汤，边煮边搅拌均匀。

4 加入玉米粒、鸡茸和虾仁丁煮熟，再淋入蛋液煮滚，即可食用。

小贴士

玉米所含泛酸能加速伤口愈合，亦可增强宝贝抵抗传染病，减轻过敏症状。

营养分析

● 蛋白质4.5克　● 脂肪5.7克　● 糖类13.8克

南瓜浓汤

食材　南瓜……100克

　　　　洋葱……1/2头

　　　　浓汤……2小块

做法

1　洋葱剥皮后切碎；南瓜带皮切小块，放入蒸笼内蒸软，去皮后压泥，备用。

2　起油锅，放入洋葱末炒软，加入浓汤煮滚，放入南瓜泥拌匀煮滚即可。

 小贴士

　　宝贝平时玩耍难免会感冒，为增强宝贝抵抗力，可以多摄入含丰富维生素B族与β-胡萝卜素的南瓜与洋葱。

豆腐鱼汤

营养分析

● 蛋白质4.5克　● 脂肪5.7克　● 糖类13.8克

食材　嫩豆腐……1盒

鲑鱼丁……60克

浓汤……3小块

葱末……少许

做法

1　将豆腐表面水分吸干后切小丁备用。

2　浓汤煮开，加入豆腐丁、鲑鱼丁煮滚，加入葱末煮滚后熄火即可。

小贴士

此道美食可先盛出宝贝的分量，再依大人喜好增加葱末的量。豆腐与鲑鱼都是维生素B族及钙质的主要来源，除了增强宝贝的脑力、提高记忆力与稳定情绪，还能协助血液凝固、维持心脏正常收缩功能等。

意式乡村蔬菜汤

营养分析

● 蛋白质1.2克　● 脂肪5克　● 糖类10克

食材

胡萝卜……80克

番茄……1个

小黄瓜……1条

洋葱……1/2头

高丽菜……150克

浓汤……2块

盐……少许

做法

1. 胡萝卜去皮后切小丁；番茄与小黄瓜切小丁；洋葱去皮后切末；高丽菜剥片后切小片，备用。

2. 起油锅，放入洋葱炒软，加入番茄、小黄瓜与胡萝卜续炒片刻。

3. 放入高丽菜、浓汤续煮至熟软，最后加入盐调味。

小贴士

此道汤品添加许多含丰富维生素与纤维质的蔬菜，可维护宝贝的视力，还能促进肠胃蠕动与消化，预防便秘。

妈咪主厨的膳食营养日志（一）

一周岁生日的蜡烛刚刚吹熄，宝贝就染上了小感冒。这一阶段的宝贝很容易有呼吸道、肠胃及神经系统的疾病，尤其在秋冬季节最为常见。除了应注意居家卫生，还要在饮食上做到均衡营养，提高宝贝免疫力。

一周岁以后，母乳或者婴儿奶粉的喂养量就要逐渐减少，宝贝要与爸爸妈妈一起共进三餐；在安排菜单时，营养均衡要比分量更重要；宝贝可吃的食物种类愈来愈多，但与大人相比还是有些许差异，应逐渐从半固体食物转变为固体食物，不要一开始就给宝贝成人食物，以免消化不良。

饭后我会帮宝贝刷牙并清洁口腔，藉由宝贝爱模仿的特性，让他自己学会刷牙，用清水清洁牙齿。

有趣的是，这一阶段的宝贝多喜欢鲜艳的色彩，所以食物的外观往往是宝贝喜好的判断标准，花形的胡萝卜、加入碎蔬菜的煎蛋等形状新奇、色彩丰富的食物，宝贝都会很喜欢哟。

喜珍

第三章

2~3岁
宝贝的营养美味膳食

- 2~2.5岁宝贝正常发育的表现及护理
- 2.5~3岁宝贝正常发育的表现及护理
- 24道适合此阶段宝贝的美味膳食

2～2.5岁宝贝成长备忘录

两岁至两岁半的宝贝，半年时间体重约增加1～1.5公斤，身高约增加5厘米左右。每个宝贝都有独特的生长速率，只要按照自己的生长曲线成长，家长就不必太过担心。

宝贝生理指标	2～2.5岁宝贝性别及成长值	
身高（厘米）	男宝贝	81～100
	女宝贝	80～98
体重（千克）	男宝贝	10～17.8
	女宝贝	9.5～16.8
头围（厘米）	男宝贝	48～49
	女宝贝	47.8～48.8

注1：每个宝贝的遗传因素不同，高矮胖瘦并无一定标准，只要符合生长曲线即为发育正常。本表数值仅供参考。

1. 发育正常的动作表现

两岁至两岁半的宝贝，不用扶栏杆，也能自如地上下楼梯；喜欢跳跃，老是在床上跳个不停，甚至会从桌椅上往下跳；大腿肌肉变得更强壮，能单脚站立，还喜欢踮着脚尖走路；玩滑梯怎么也玩不厌，玩的方式与动作越来越激烈；骑小三轮车能顺利前进，但方向掌握得不是很好，每次想转弯时，会用双臂把三轮车抬起，脚步移动至想去的方向。

这一阶段，宝贝的手眼协调能力发展得更好，会一页一页地翻书，串起小珠子，画简单的图形；想要拿高处的东西时，知道可以搬来椅子站上去拿；宝贝惯用左右哪只手大致确定，若宝贝惯用左手使勺子，别强迫矫正，以免造成宝贝笨拙、自卑、口吃等不良后果，但由于多数生活用品都是为右手使用而制造的，所以要协助宝贝解决这一问题。

2. 发育正常的智力与情绪表现

两岁至两岁半的宝贝，习惯于大人做什么他就跟着做什么，这也是最为明显的幼儿特质。扫地时宝贝要帮忙，大人刷牙他也要刷，妈妈擦口红他也要擦，并且态度往往都是认真而坚决的。伴随这些日常

生活中的模仿行为，宝贝不仅能够学习到生活技巧，理解能力也越来越进步。

两周岁以后的宝贝，会自己有想象地玩游戏，特别喜欢拿起电话筒，假装在讲电话；或模仿家长照顾他的样子，为娃娃盖棉被、拍拍睡觉；对电视上看到的动作或话语，只要有兴趣就会学。

两岁算是宝贝人生中的第一个"反抗期"，自我主张的发展，让他不管大人说什么他都说"不"，而且非常容易生气，经常坚持自己的想法，不妥协。这表明宝贝渴望独立，想要自己做主。有时候，宝

贝还因为不愿意分享玩具而推打别的小朋友，妈妈要了解这是正常的成长过程，不要过于迁怒宝贝，不要频频催促或过于干预。

这一时期的宝贝十分敏感，尤其害怕与亲近的人分离，非常需要安全感。一旦宝贝与亲人分开一段时间又重聚，会特别黏人与吵闹，非要抱着爸爸或妈妈不放，等到妈妈或爸爸离开，却完全不会哭闹。这种状况得等宝贝再大一些才会改变，他会懂得爸爸妈妈并没有离开他，渐渐地不再出现这种担心和焦虑。

这一阶段的宝贝差不多可以认识简单的汉字和事物，虽然会说错和口齿不清，但还是像个小小演说家一样说个不停，听到什么就学什么；懂得白天和黑夜的不同，以及高与低、前与后、大与小等对比的概念，同时也有一定的时间概念，能说出"看完书就去睡觉"、"吃饱了就出去玩"等话语。

3. 宝贝的日常护理要点

两周岁以后，宝贝的说话能力发展很快，知道"你""我""他"的区别，什么话都会学，喜欢模仿大人的语气，常常说出令人晕倒的大人话，因此家长跟宝贝说话时要特别谨慎；同一本故事书，宝贝会要求你重复读给他听，并且记忆力也很好，在你读两三次以后，他就能照着你的方式自己读出来，并且习惯于在同一个书中、某个章节里问相同的问题，这时候可以试着反问，让他回答，多让宝贝锻炼思考与表达能力。

两岁的宝贝，多喜欢数数，妈妈可藉由日常生活融入游戏，比如利用宝贝爬楼梯时让他数数；玩具是幼儿最自然的学习工具，能发挥想象力与启发创造力的拼图与组合玩具，以及认知有关的图画书，最适合此阶段的宝贝。可以给宝贝稍微大一点、5~6块的立体拼图，让宝贝学习形象与空间的概念，你会很惊讶他的小脑袋瓜有如此惊人的潜力喔。

应鼓励宝贝学习自己穿脱衣服，刚开始宝贝可能只会脱、不会穿，也不懂得要先解开钮扣再脱，他会拉开拉链，但还不会把脑袋套进去。宝贝做不好穿衣服的动作，家长不要急着帮他做，要有耐心地让他自己慢慢学，鼓励宝贝再试一次，培养宝贝的自理能力和动作协调性。

2～2.5岁宝贝 成长指标	具 体 表 现
正常动作表现	□ 不用扶栏杆，就能自如地上下楼梯。 □ 喜欢跳跃，总是在床上跳个不停，甚至会从桌椅上往下跳。 □ 能单脚站立，喜欢踮着脚尖走路。 □ 爱玩滑梯，骑小三轮车能走直线。 □ 会一页一页地翻书，画简单的图形。 □ 想要拿高处的东西时，知道搬来椅子站上去拿。 □ 能用拇指跟食指捏住小东西，惯用手大致确定。
正常的智力与 情绪表现	□ 大人做什么就爱跟着做。 □ 会有想象地玩游戏，特别喜欢拿起电话筒，假装在讲电话。 □ 对电视上看到的动作或话语，只要有兴趣就会学。 □ 有自我主张，有时不管大人说什么都说"不"，非常容易生气，经常坚持自己的想法，不妥协。 □ 有时因为不愿意分享玩具，而推打别的小朋友。 □ 容易敏感，尤其害怕与亲近的人分离，非常需要安全感。一旦亲人分开一段时间又重聚，会特别黏人与吵闹，非要抱着爸爸或妈妈不放，等到妈妈或爸爸离开，却完全不会哭闹。 □ 差不多可以认识简单的汉字和事物，虽然会说错和口齿不清，但还是像个小小演说家一样说个不停，听到什么就学什么。 □ 懂得白天和黑夜的不同，以及高与低、前与后、大与小等对比的概念。
日常护理要点	□ 平时说话应谨慎，因为宝贝总是在模仿大人的言谈举止。 □ 当宝贝提出重复的要求时，要有耐心地回答，也可以试着反问，让他回答，让宝贝多锻炼思考与表达。 □ 平时的游戏中，潜移默化教宝贝数数、认物、玩拼图游戏。 □ 鼓励宝贝自己脱穿衣服，不要急着帮他做，要有耐心地让宝贝慢慢学。

注1：2～2.5岁宝贝的成长发育状况不尽相同，动作、智力与情绪表现也有差异，本表为多数2～2.5岁宝贝的共性特点，作为家长的自查参考。可在表中"□"处将符合的选项打"√"。

2.5～3岁宝贝成长备忘录

两岁半至三岁的宝贝，多有食欲降低的倾向，体重增加不明显，有继续长高的趋势。半年时间体重约增加1～1.5公斤，身高约增加5厘米左右。每个宝贝都有独特的生长速率，只要按照自己的生长曲线成长，家长就不必太过担心。

宝贝生理指标	2～2.5岁宝贝性别及成长值	
身高（厘米）	男宝贝	83.5～103
	女宝贝	82～102
体重（千克）	男宝贝	10.5～20.4
	女宝贝	10.3～19
头围（厘米）	男宝贝	49～50
	女宝贝	48.8～49.8

注1：每个宝贝的遗传因素不同，高矮胖瘦并无一定标准，只要符合生长曲线即为发育正常。本表数值仅供参考。

1. 发育正常的动作表现

两岁至两岁半的宝贝，跑、跳、踢球和扔球，都能做得很好，平衡感有较大进步，能单脚站立，甚至单脚跳跃；骑小三轮车能左右脚顺利地交替踏踩前进、后退，并能掌握自己想去的方向；会自己脱穿套头衣物，能画出大略的圆形与自己想要的画，如果你看不懂，不妨问问宝贝，他会告诉你他画的是什么东西，虽然在大人的眼里可能完全不像，但在他小脑袋里就是那个样子的；若给宝贝涂画色彩的本本，他还是无法做到不超过图案线框，笔触会很用力，线条较长且有空隙，还无法涂满；手的运用更为精细，可以学用剪刀，但无法完全照着标示的裁剪线剪得很整齐，但也不会偏离太多。

2. 发育正常的智力与情绪表现

突然有一天，宝贝开始不断地问为什么，比如问"鱼为什么要吃东西"，若你回答"因为鱼肚子饿"，他会继续问"为什么鱼肚子饿"；若你回答"因为它一直游来游去很累，所以肚子饿了"，他会继续再问"为什么游来游去很累"……总之打破砂锅问到底，经常问得大人哑口无言，不知如何继续回答。

在回答宝贝问题的时候，重点是让他理解，而非正儿八经地理性作答。假如宝贝问你"为什么血会干掉"，我若很认真的跟她说起血小板会凝固之类的话，他会匪夷所思地看着你，不妨简单一点地回答："我们的血有自动干掉的功能。"

宝贝在两岁半以后，能够说出推论式的句子，完整表达自己的情绪，比如"天黑了，爸爸快回来了""妹妹打我，我的糖果不给她"；记忆力与背诵能力很强，教宝贝念几遍打油诗，或者让她多听儿歌，他就能背得出来，而且不容易忘；宝贝也能跟人对答了，不再只是重复大人的话，比如问他"为什么在画画"，他会说"因为画图很好玩"，不会再像以前鹦鹉式地回答"因为在画画"。

这一阶段，宝贝总是"故意做大人禁

止的事"，"逆反心理"比之前更强烈，只要大人禁止的事，都会故意尝试，不管怎么说都没有用，让爸爸妈妈觉得宝贝任性、不听话，其实这些行为是此年龄段的正常现象。

此外，宝贝也会有"明明很累却还不肯睡"的状况，这是由于幼儿的自我控制能力还不是很好，有时会不知该如何选择，此时家长就要帮助宝贝做出肯定的选择。不要一味地训宝贝不听话，教什么都教不会，别因为大人的情绪，而挫伤宝贝的自信心。

3. 宝贝的日常护理要点

不断地询问"为什么"，是宝贝学习新事物的特殊方式，家长不要对此觉得厌烦，以免使宝贝丧失求知欲。可以反问宝贝"你觉得为什么啊"，让宝贝自己先思考一下，以引导的方式让宝贝自己讲出答案，答案是否正确没有关系，让宝贝发挥天马行空的想象力，远比给他制式的答案更有启发性。

这一时期宝贝不再总是黏着妈妈，爱跟别的小朋友一起玩，并且容易发生争吵，但很快又和好；若出现宝贝与别的小朋友抢玩具和推打的情况，除非特别严重，否则不需要每次都干涉，可先观察宝贝如何解决。不要认为"大宝贝就应该让着小宝贝"，事情发生的原因远比谁大谁小更重要。若家里即将有新成员（弟弟或妹妹）加入，宝贝的不良行为可能会增加，这是他心理上觉得自己可能将受到冷落，父母们要尽可能对两个宝贝付出相同的关爱，以免嫉妒心使得宝贝出现欺负弟弟或妹妹的现象。

别再把宝贝始终当做小Baby，应逐渐减少对他的帮助与介入，使宝贝形成独立的人格和自主的性格，适时给予宝贝小小的责任感。当宝贝希望帮忙时，挑一些简单且不危险的事让他做，这样他会很有成就感；每次收拾衣服时，宝贝总要帮我把折好的衣服抱回卧室，记得有一次我自己全都收了，他居然哭了起来，觉得没帮到忙很失望。其实宝贝会做一些力所能及的事，只是大人不愿意让他做而已。所以，适时让宝贝帮点忙，不仅可培养宝贝的责任感，你自己也会省心不少喔。

2.5～3岁宝贝成长指标	具体表现
正常动作表现	□ 跑、跳、踢球和扔球，都能做得很好。 □ 平衡感有较大进步，能单脚站立甚至单脚跳跃。 □ 骑小三轮车能顺利的左右脚交替踏踩前进、后退，并能掌握想去的方向。 □ 会自己脱穿套头衣物。 □ 能画出圆形与自己想要的画，但画不了直线，笔触很用力，线条较长且有空隙。 □ 手更灵活和精细，可以学用剪刀。
正常智力与情绪表现	□ 突然有一天，开始不断地问为什么，并且打破砂锅问到底。 □ 总是"故意做大人禁止的事"，"逆反心理"比之前更强烈。只要大人禁止的事，都会故意地再次尝试，不管大人怎么说都没用。 □ 会有"明明很累却还不肯睡"的状况。
日常护理要点	□ 不要讨厌宝贝问"为什么"，可反问宝贝，以引导的方式让宝贝自己讲出答案。 □ 除非特别严重，否则不需要每次都干涉宝贝与其他小朋友的争执，观察宝贝如何解决。 □ 别把宝贝当做小Baby，逐渐减少对他的帮助与介入，适时给予宝贝力所能及的小任务。

注1：2.5～3岁宝贝的成长发育状况不尽相同，动作、智力与情绪表现也有差异，本表为多数2.5～3岁宝贝的共性特点，作为家长的自查参考。可在表中"□"处将符合的选项打"√"。

2～3岁宝贝营养膳食菜单

2～3岁宝贝每日订餐表

	【米粥】	【面食】	【家常菜】	【汤品】
早餐				
午餐				
晚餐				

妈咪主厨（签名）：

宝贝食客（签名）：

宝贝用餐满意度： ☆ ☆ ☆ ☆ ☆

日期：＿＿＿＿＿＿＿

2～3岁宝贝自选菜单

○米粥类	①毛豆鸡丁炒饭 ②海鲜炖饭 ③芝麻糊 ④八宝粥
□面食类	①炒乌龙面 ②客家米苔目 ③豆干肉酱面 ④薄脆蔬菜披萨 ⑤南瓜泥焗千层面
△家常菜	①奶酪蛋卷 ②芦笋鲑鱼卷 ③糖醋鱼片 ④马铃薯炖肉 ⑤洋芋饼 ⑥牛蒡甜不辣 ⑦绣球丸子 ⑧猪肉高丽菜卷 ⑨烩鸡翅
◇风味汤品	①洋菇番茄汤 ②关东煮 ③海鲜丸子汤 ④薏仁鲜汤 ⑤小鱼空心菜汤 ⑥山药牛腩汤

"每日订餐表+自选菜单"使用说明

（1）针对2～3岁宝贝与妈妈亲子互动，旨在让每日用餐变得轻松有趣，使妈妈有为宝贝下厨的欲望，也让宝贝在懵懂点餐时，对颜色、形状和数字有初步启蒙。

（2）妈妈可在电脑上制作空白的"每日订餐表"，批量打印备用。

（3）每一餐制作前，妈妈可主动询问宝贝，让宝贝翻看木章精美菜肴图片，在"自选菜单"的四类中各选出一种菜品，让宝贝用正确颜色的笔（蜡笔或水彩笔），画出正确的符号和数字，填在"每日订餐表"的对应栏目处。

例如，早餐一栏可这样填写——

	【米粥】	【面食】	【家常菜】	【汤品】
早餐	○ 1	□ 2	△ 3	◇ 4

（4）宝贝当天用餐完毕后，妈妈应在"妈咪主厨（签名）"一栏签名；让宝贝在"宝贝食客（签名）"一栏，按下指印或手掌印；"宝贝用餐满意度"一栏有五颗空白的小星星，可根据宝贝意见，用红笔在上面涂满相应的几颗星，如满意度为四颗星，即涂写为"★★★★☆"；"日期"一栏，写下具体年月日。

（5）每日订餐表填写完毕后，建议放入专用文件夹里归档整理，作为宝贝饮食的记录，这也是妈妈和宝贝之间最值得回味的亲子记忆。

营养分析

●蛋白质10.5克　●脂肪12.5克　●糖类20克

毛豆鸡丁炒饭

食材

毛豆仁……30克

鸡胸肉丁……30克

蛋……1个

红甜椒丁……少许

白饭……1碗

盐……少许

做法

1 起油锅，放入毛豆仁、鸡胸肉丁炒至鸡肉变白，盛入碗中备用。

2 原油锅中加入蛋，煎至呈金黄色，炒开，加入红甜椒丁、白饭与盐炒匀。

3 最后加入鸡丁，炒至熟软，即可出锅。

小贴士

毛豆，又叫菜用大豆，因豆荚上有毛被称为毛豆，富含优质植物性蛋白质且纤维含量丰富，可预防宝贝便秘。

营养分析

● 蛋白质18.5克 ● 脂肪15克 ● 糖类32.5克

海鲜炖饭

食材 ☐1 白米……1/2杯

透抽（小）……1只

虾仁……10个

蛤蜊……10个

小黄瓜……1根

☐2 蒜末……1匙

洋葱末……1匙

浓汤……2块

做法

1 白米洗净沥干水分；透抽洗净切小段；虾仁去肠泥洗净切小丁；蛤蜊泡盐水吐沙后，再洗净；小黄瓜切小丁，备用。

2 加热油锅，加入蒜末、洋葱末炒，倒入半杯浓汤、蛤蜊和虾仁炒匀炒熟，熄火后将全部海鲜料捞起。

3 利用原油锅加入剩余浓汤，拌炒白米至汤汁快收干，加入小黄瓜和海鲜料，用中小火焖煮至汤汁收干，即可。

小贴士

　　透抽，又名剑尖枪乌贼、真锁管，产自台湾基隆海域，含有丰富的蛋白质、矿物质、维生素及牛磺酸等营养素，属于高营养价值的食物，是宝贝补充脑力、增强体质的必备良方。市面上若买不到透抽，可用普通的乌贼代替。

炒乌龙面

食材 **1** 猪肉馅……30克

生香菇……2个

豆皮……1块

豌豆荚……适量

乌龙面……100克

2 葱段……少许

蒜末……少许

浓汤……2匙

盐……少许

酱油……少许

营养分析

◎蛋白质23.8克 ◎脂肪20克 ◎糖类25.3克

做 法

1 香菇切小丁；豆皮切小条；豌豆荚摘除头尾后切小段；乌龙面切段，备用。

2 起油锅，爆香葱段、蒜末，加入猪肉丝、香菇、豆皮和豌豆夹，炒至猪肉变白，加入乌龙面、浓汤、盐与酱油，至汤汁收干，即可。

小贴士

　　乌龙面可提供热量，添加营养丰富的豆类、肉类，能促进宝贝成长发育，强化骨骼与牙齿生长，增强抵抗力，减少生病的几率。此道菜肴还可以准备一些小黄瓜丝，用热开水泡过后，与干面一起拌匀食用，增加宝贝的蔬菜摄取量。

小贴士

猪肉与豆干含丰富维生素B族与优质蛋白质，可帮助宝贝正常生长及肠胃消化，避免出现疲惫、焦虑不安等症状。

客家米苔目

营养分析

● 蛋白质16.7克　● 脂肪15克　● 糖类19.8克

食材

米苔目……100克

猪肉丝……50克

韭菜……3～4绺

生香菇……2个

虾米……1匙

浓汤……2块

茼蒿……少许

芹菜末……少许

做法

1　米苔目、韭菜切小段；香菇切小丁；虾米泡软后切末；茼蒿切小片备用。

2　起油锅，放入虾米、香菇爆香，加入猪肉丝拌炒至肉变白，加入浓汤，放入米苔目。

3　最后加入韭菜、茼蒿和芹菜末，续煮至滚，即可熄火。

小贴士

米苔目是闽南语，又叫"米筛目"，是漳州龙海特色小吃，类似于面条，是用米和番薯粉做成。

豆干肉酱面

营养分析

● 蛋白质24.4克

● 脂肪20.5克

● 糖类24.8克

食材 **1**

面条……100克

猪肉馅……300克

豆干……5个

洋葱头……3瓣

蒜头……2瓣

2

酱油……3大匙

糖……少许

浓汤……1块

做法

1　豆干切小丁；洋葱头剥皮后切末；蒜头切末，备用。

2　面条放入水中煮熟，用凉开水冲凉，放入碗中，备用。

3　起油锅，爆香洋葱头、蒜末，加入猪肉馅和豆干，炒至肉色变白。

4　加入所有食材炖煮至入味，待汤汁收干，即可淋于面条上，拌匀食用。

南瓜泥焗千层面

营养分析

⊚ 蛋白质20.7克　⊚ 脂肪18.2克　⊚ 糖类31克

食材

南瓜……1个（约500克）

洋葱……1/2头

猪肉馅……200克

牛奶……100毫升

盐……少许

意式千层面皮……4张

奶酪丝……适量

做法

1　南瓜带皮切成小块，放入电饭锅内蒸软，去皮后压泥；洋葱剥皮后切细丁，备用。

2　用油热锅，放入洋葱丁和猪肉馅爆香，再加入南瓜泥和盐拌匀，备用。

3　将千层面放入锅里煮软，捞起后沥干水分，每片切成2份。

4　取1个焗烤盘，舀入适量南瓜肉馅，放入半片面皮，再铺上一层南瓜肉馅，盖上另半片面皮，均匀撒上一层奶酪丝，放入烤箱。

5　以180℃烤15分钟，烤至表面奶酪丝融化且呈金黄色取出。

小贴士

香甜的南瓜含β-胡萝卜素和叶酸，可维持宝贝鼻、喉及肺等黏膜的完整性，有助于维持视力。

宝贝，该点餐啦

薄脆蔬菜披萨

营养分析

●蛋白质16.2克　●脂肪13克　●糖类20.5克

食材

墨西哥饼皮……1片

三色甜椒丝……各30克

蘑菇……3个

番茄酱……适量

奶酪丝……适量

做法

1 蘑菇切小片备用。

2 将墨西哥饼皮放入烤箱，以150℃烘烤2分钟后取出，涂上一层番茄酱，均匀铺上三色甜椒丝（红黄绿）、蘑菇片，撒上奶酪丝。

3 将铺好蔬菜的饼皮放入烤箱，以180℃烤约10分钟至奶酪丝融化且表面呈金黄色，即可取出，切片食用。

小贴士

　　彩椒或蘑菇都可以用其他蔬菜替换，如玉米粒、豌豆仁，或者虾仁加菠萝等。甜椒含丰富维生素C，可增强免疫系统及帮助铁质吸收。奶酪是钙质与维生素D的最佳来源，能促进宝贝骨骼正常发育。

小贴士

　　鸡蛋是提供蛋白质的最佳食物，可维持生长发育及增加抵抗力。番茄含β–胡萝卜素与茄红素，能保护宝贝皮肤与气管的健康。

营养分析

● 蛋白质15克　● 脂肪15.8克　● 糖类22.2克

奶酪蛋卷

食材 ① 鸡蛋……4个

　　　　盐……少许

　　　② 番茄……1/2个

　　　　奶酪丝……50克

　　　　玉米粉……适量

　　　　番茄酱……适量

做法

1　鸡蛋和少许盐拌匀；番茄、奶酪切小丁备用。

2　起油锅，倒入蛋液，用中火煎蛋，并转动平底锅，让蛋液均匀分摊，保持厚度一致。

3　待蛋液开始凝固，再加入奶酪丝、番茄和玉米粉，用锅铲将煎蛋朝自己的方向卷成半月形，转小火，再慢慢翻动，让蛋卷内馅的奶酪融化。

4　表面煎至金黄色后盛出，淋上番茄酱，即可食用。

芦笋鲣鱼卷

营养分析

●蛋白质12.2克　●脂肪13.5克　●糖类10克

食材

鸡蛋……2个

鲑鱼……200克

芦笋……3个

寿司海苔……3张

盐……少许

沙拉酱……少许

做法

1 制作蛋皮：少许油入平底锅，倒入适量蛋液，用中火边煎边转动平底锅，让蛋液摊开成薄薄圆形，煎至蛋液凝固熟透，熄火后用筷子轻刮蛋皮边缘让空气进入后再拉起备用，照此制作约2～3张蛋皮。

2 鲑鱼放入滚水中，用小火煮至鱼肉熟，即可捞出沥干水分。用汤匙将鲑鱼取刺压碎，加入盐和沙拉酱拌匀，备用。

3 芦笋削除粗纤维后切段，放入滚水中煮至熟软，取出沥干。

4 将寿司用竹帘铺平，依序铺上一张蛋皮、适量鲑鱼泥、一张海苔片、适量芦荀段，再卷成圆柱状，压紧后切小段，即可。照此制作3～4卷。

小贴士

鲑鱼含有的优质蛋白质与DHA，有助于宝贝成长发育；芦笋含有丰富的叶酸与维生素C，能协助红血球的生成，避免贫血。

营养分析

● 蛋白质17.5克 ● 脂肪17.5克 ● 糖类19.3克

糖醋鱼片

食材

1 太白粉……适量

盐……少许

胡椒粉……少许

2 番茄酱……2匙

糖……1小匙

白醋……1小匙

3 鳕鱼片……500克

豌豆……适量

小白菜段……适量

做法

1 鳕鱼洗净，去除水分，切小片，加入盐与胡椒粉腌渍10分钟至入味，取出沾裹太白粉，再放油锅中过油，捞起后沥干油分。

2 另起油锅，加入番茄酱、糖、醋拌匀煮滚。

3 最后放入鱼片、豌豆、小白菜，炒至熟即可。

小贴士

鳕鱼含优质蛋白质，可协助幼儿发育。豌豆富含维生素K，能避免不正常凝血现象发生。

营养分析

●蛋白质19.8克 ●脂肪17.5克 ●糖类26.5克

马铃薯炖肉

食材 **1** 马铃薯……200克

洋葱……1/2头

牛肉……500克

魔芋丝……150克

蒜头……2瓣

2 酱油……少许

浓汤……2块

做法

1 马铃薯、洋葱去皮后切小块；牛肉切小薄片；蒜头剥皮切末，备用。

2 热油锅，加入蒜末爆香，加洋葱用中小火慢炒至呈半透明状。

3 加入牛肉片、马铃薯和魔芋丝炒片刻，倒入酱油和浓汤。

4 转小火炖煮30分钟至熟软，即可出锅。

土豆饼

营养分析

● 蛋白质3.1克　● 脂肪6克　● 糖类10克

食材 1
马铃薯……200克
番茄……1个
玉米粒……3大匙
洋葱……1头
盐……少许

2
蛋……1个
面包粉……适量

做法

1　番茄底部划十字刀痕，放入滚水中焯烫后去皮，对切去籽后切丁，备用。

2　洋葱剥皮后切末，放入油锅里炒软，备用。

3　马铃薯洗净后煮软，去皮后压成泥状，加入玉米粒、番茄丁、洋葱末与盐拌匀，再取适量分别捏成扁椭圆状。

4　将土豆饼沾一层蛋液，再裹一层面包粉，放入160～170℃油锅中炸至金黄色，捞起后沥干油分即可。

小贴士

此道菜品可放入蟹脚肉，若想做成大人口味，可以加适量咖喱粉与马铃薯馅一起搅拌。洋葱可增加消化液的分泌，促进肠胃消化功能。玉米富含泛酸，有助于营养素的正常代谢。

牛蒡甜不辣

营养分析

⬤蛋白质11.3克　⬤脂肪13克　⬤糖类10.3克

食材

旗鱼浆……300克

牛蒡丝……30克

糖……少许

蒜泥……少许

做法

1. 旗鱼浆与少量的糖、蒜泥拌匀，再加入牛蒡丝混合，分别捏成约一个手掌大小。

2. 起油锅，加热至160～170℃，放入鱼浆片，炸至呈金黄色，捞起沥干油分，即可。

小贴士

　　自制鱼浆的方法：将旗鱼片去筋后切小块，用榨汁机搅打呈泥状，加入少许盐调味。此道美食部分甜不辣可依家人喜好撒上少许胡椒粉，或佐以少量酱油调味；牛蒡丝可改成胡萝卜丝或山药泥做变化。旗鱼含易吸收的蛋白质，且脂肪含量较低，宝贝较易消化吸收。牛蒡含维生素A、维生素B族、维生素C，可促进肠胃蠕动，有助于宝贝正常排便，但请勿一次吃太多，以免肠胃不适。

小贴士

　　猪肉富含铁质，食用后吸收率较高，但也要注意避免多食肥肉，以免宝贝养成高油脂的饮食偏好。

营养分析

●蛋白质8.8克 ●脂肪6克 ●糖类2.0克

猪肉高丽菜卷

食材 1 高丽菜……4片

番茄……1个

蒜头……2瓣

番茄酱……2小匙

意大利综合香料……1小匙

浓汤……1块

2 猪肉馅……120克

洋葱末……50克

蛋白……1个

姜末……少许

香油……少许

胡椒粉……少许

盐……少许

做法

1 番茄切小丁；蒜头剥皮切末备用。

2 将"食材 **2**"全部放入大碗中，按照顺时针进行搅拌，腌渍30分钟至入味即为肉馅；高丽菜叶将硬菜心处削薄，放入滚水中煮软，取出后沥干水分。

3 取1片高丽菜叶，铺上适量的肉酱馅，卷成枕头状，依序卷完4~5卷。

4 起油锅，加入蒜末爆香，加入番茄丁、番茄酱和意大利香料拌炒均匀，放入高丽菜卷，倒入浓汤（盖过食材），以小火炖煮30分钟，至汤汁快收干，即可。

营养分析

●蛋白质17.6克 ●脂肪17.5克 ●糖类20.5克

绣球丸子

食材 1 猪绞肉……500克

蛋皮……1个

小白菜叶……30克

2 酱油……2大匙

姜末……少许

蒜末……少许

蛋白……1个

香油……少许

3 去籽红椒……1个

浓汤……1块

太白粉……适量

做法

1 猪肉馅放入大碗，加入"食材 **2**"，以顺时针方向拌匀，腌渍30分钟，备用。

2 蛋皮切丝，小白菜叶切丝，备用。

3 将猪肉馅捏成小球状，分别裹上小白菜丝和蛋丝，放入蒸笼，用大火蒸25分钟至熟，取出备用。

4 起油锅，放入去籽红椒炒香，加入浓汤煮滚。

5 以太白粉加水勾芡，淋于蒸好的丸子上，即可。

烩鸡翅

营养分析

● 蛋白质11.5克　　● 脂肪12.5克　　● 糖类16.9克

食材 1 鸡翅……6只

香菇……3朵

山药……100克

青江菜……2根

浓汤……2块

太白粉……适量

2 酱油……少许

蒜末……少许

姜末……少许

做法

1　鸡翅用酱油、葱姜末腌渍30分钟至入味；香菇切丝；山药去皮后切约0.5厘米的宽条；青江菜取较小的叶柄，备用。

2　将鸡翅中段去骨肉的内侧沾上少许太白粉，塞入香菇、山药和青江菜叶柄，封口裹上少许太白粉黏住。

3　将鸡翅放入平底锅中，用小火慢煎至金黄色，再加入腌料（滤除蒜末与姜末），浓汤焖煮至汤汁收干，即可。

小贴士

鸡翅中的骨头可以请摊贩帮你去掉，或自行处理，关结部分先折断，再用扭转方式，慢慢取出中间部位的骨头即可。鸡肉与香菇均含烟碱酸，有助于使小宝贝避免精神紧张、躁动不安。

小 贴 士

豆腐含优质植物性蛋白质和维生素A、维生素B族，其所含丰富的维生素B族可辅助多余营养素的代谢，也可健全肠胃，对宝贝发育有益处多多。番茄在煮汤时，最好先将外皮除去，再与其他材料一起烹煮。

营养分析

●蛋白质10克 ●脂肪2.5克 ●糖类9克

洋菇
番茄汤

食材 **1** 小白菜……100克

香菇……5个

番茄……1个

嫩豆腐……1/2盒

浓汤……2块

2 太白粉……1大匙

盐……少许

做法

1 小白菜洗干净，切成小片；香菇、豆腐切细丁；番茄底部划十字刀痕，放入滚水焯烫后去皮，对切去籽后切丁，备用。

2 起油锅，加入番茄、香菇略炒，加入浓汤、小白菜、豆腐煮滚，加入太白粉水勾薄芡，最后加入少量盐调味，即可。

103

关东煮

营养分析

● 蛋白质35.5克 ● 脂肪25克 ● 糖类25克

食材

1 猪肉馅……300克

香菇……3朵

盐……少许

鱼丸……适量

2 鱼豆腐……适量

白萝卜……150克

甜不辣……适量

3 浓汤……3块

酱油……少许

柴鱼片……适量

做法

1 鱼丸、鱼豆腐、甜不辣分别切小块；白萝卜去皮后切小块，备用。

2 加入浓汤、酱油，煮滚即熄火，加入柴鱼片浸泡3分钟，滤除柴鱼片，即为锅底。

3 将白萝卜放入浓汤中煮至熟透，再将猪肉馅捏成小球状，用汤匙刮入浓汤煮熟，然后加入鱼豆腐、甜不辣及另一半香菇丁煮滚，即可。

小贴士

白萝卜含维生素A、维生素C，具有提升免疫力、维护视力与皮肤健康的效果；香菇含维生素B$_1$、维生素B$_2$、烟碱酸，可缓和宝贝腹泻状况，维持神经系统健康及正常脑机能。

营养分析

- 蛋白质14.7克
- 脂肪16.5克
- 糖类9克

海鲜丸子汤

食材 **1** 虾仁……300克

蟹脚肉……100克

豌豆仁……50克

浓汤……2块

2 白胡椒粉……少许

盐……少许

太白粉……少许

做法

1 虾仁去肠泥，洗净后切碎，与蟹脚肉、豌豆仁混合，加入"食材**2**"依顺时针拌匀，备用。

2 浓汤倒入锅中煮滚，将虾泥馅捏成小球状，用汤匙刮入浓汤中煮熟，加入豌豆苗煮滚，即可。

小贴士

可以在汤中加入2大匙的白味噌一起煮，以增添汤头的口感。豌豆含蛋白质与泛酸，可加速伤口愈合，维持正常生长及神经系统运作；牛奶富含多种钙质、维生素、矿物质，可帮助宝贝苗壮成长，并提高睡眠质量。

薏仁鲜汤

营养分析

- 蛋白质7.3克
- 脂肪3.5克
- 糖类17.5克

食材　西蓝花……1/2个　　乌贼……50克
　　　　薏仁……50克　　　浓汤……2块
　　　　盐……少许

做法

1　西蓝花菜切小朵；乌贼切小丁后放入滚水中煮熟，捞起沥干水分；薏仁泡入适量水中1小时，备用。

2　将薏仁加入浓汤中煮至软，西蓝花煮透，放凉后连汤汁一起倒入食物榨汁机中搅打成稠状，再倒回锅中，与盐煮滚即可。

小·鱼 空心菜汤

营养分析

- 蛋白质2.4克
- 脂肪1克
- 糖类5克

食材　空心菜……100克　小鱼干……少许
　　　　姜丝……少许　　　浓汤……2块

做法

1　空心菜切小段；小鱼干洗净，备用。

2　将浓汤煮滚，加入小鱼干、姜丝略煮，放入空心菜煮滚，即可。

 营养分析

- 蛋白质12.5克
- 脂肪12.5克
- 糖类15克

山药牛腩汤

食材 牛腩……600克

白山药……300克

八角……2片

浓汤……2块

做法

1 牛腩切小块；山药去皮后切小块，备用。

2 将牛腩放入滚水中焯烫去除血水，捞出用清水洗净后沥干水分。

3 将牛腩、八角和浓汤放入锅中，煮滚后捞除八角，以小火续炖，不时捞除浮渣与浮油。

4 约1个半小时，牛腩已煮熟软，加入山药续煮10分钟，即可。

小贴士

山药能帮助治疗肠胃疾病，其丰富的黏液蛋白更能维持血壁的弹性。带点油脂的牛腩可提供给幼儿较多的热量，且富含较易吸收的铁质，维持宝贝气色红润。牛腩通过长时间的炖煮已经非常软，宝贝较易咀嚼，若担心宝贝咬不烂，亦可改成瘦牛肉，相对烹调时间也能缩短。

营养分析

● 脂肪25克　● 糖类17.5克

芝麻糊

食材

白米……2大匙

去壳花生……50克

黑芝麻……2大匙

水……500毫升

糖……少许

盐……少许

做法

1 白米洗净后泡水1小时；花生去外膜；黑芝麻放入锅中炒至香后磨碎。

2 将白米沥干水分，与花生、黑芝麻一起放入榨汁机中，加入一半的水搅打均匀，再倒入锅中，加入剩余的水，边煮边搅拌，再加入少量糖及盐拌匀即可。

小贴士

花生和黑芝麻含维生素B$_2$、烟碱酸、泛酸，可维持皮肤及消化系统正常。

营养分析

● 蛋白质6克　● 脂肪5克　● 糖类20克

八宝粥

食材 **1** 麦片……1/2杯

红豆……2大匙

绿豆……2大匙

莲子……2大匙

生花生……2大匙

2 水……600毫升

碎葡萄干……1大匙

冰糖……适量

做法

1 麦片、红豆、绿豆、花生和莲子洗净，浸泡于足量清水中约1小时，沥干水分。

2 将以上食材与水一起加入锅里，煮至熟软，放入碎葡萄干续煮片刻，加入冰糖搅拌至融化即可。

小贴士

　　莲子具有安心宁神的功效，有助于纾解宝贝躁郁不安的情绪。

妈咪主厨的膳食营养日志（二）

  两岁半以后，宝贝可以自己吃饭了，20颗乳牙也逐渐长齐，能接受不同软硬的食物，不过大块的肉还是咬不烂。鸡肉与不过敏的海产品会比较适合，牛肉与猪肉最好切成小肉片。大人应为宝贝做适度地改变，烹调不要太油腻，含辛香料的调味品不能放入菜肴中。吃饭的时候，宝贝若想喝水是没有关系的，但是不要给予容易胀肚的甜味果汁。

  幼儿期的宝贝自我意识逐渐增强，主要表现在对食物的偏好上，宝贝已不再是你喂什么他就吃什么，也会选择自己想吃的食物。妈妈要观察观察宝贝的饮食喜好，不能因为别的家长说"小朋友通常不喜欢吃青椒"，就不做青椒，也许它会是你家宝贝的最爱呢。

  但也不要一直讨好宝贝的喜好，只做他喜欢的料理，应当藉由观察了解宝贝是否有偏食或营养不均衡，以随时进行调整。此外，男孩跟女孩的食量是没有性别差异的，别因为宝贝是小男孩，就强迫他多吃喔。

第四章

1~3岁
宝贝的自选茶点

- 为1~3岁宝贝制作茶点的小常识
- 17种适合此阶段宝贝的果汁奶制品
- 7种适合此阶段宝贝的开胃糕点

茶点助力1～3岁宝贝成长所需

1～3岁是宝贝身体发育与大脑发育的第一个黄金时期。除了日常的奶制品及可口菜肴，平时补充家常的茶点，也可起到增长肌肉、加强骨骼发育、改善便秘、安定情绪等作用，让宝贝获得健康好体质。

从满一周岁开始，宝贝的胃肠和内脏器官日渐成熟，对于食物也逐渐有了适应能力。容易产生饱足感的饮品，如酪梨布丁、香蕉奶昔，可在下午茶时间给予。

脂肪对于宝贝脑部的发育非常重要，建议两周岁以前的宝贝，不要使用低脂或脱脂的牛奶，以免脂肪酸摄取不足，影响宝贝脑部的发育及脂溶性维生素的吸收。

太冰的饮料，容易影响消化道功能，建议妈咪主厨制作一些适合长时间冷藏的饮品放于冰箱冰镇，并刻意增加浓度，等到宝贝嘴馋想喝水的时候，将饮品从冰箱里拿出来解冻，之后加入等比例的温开水，再给宝贝饮用。

幼儿的胃容量小，但是每日的活动量大，因此在一日三餐之外，每天应给予两次茶点以补充热量（约占当天所需热量的15%）。茶点时间须在两餐之间，并于正餐前两小时给予，每次约提供100大卡，以不影响宝贝正常食欲为原则。

茶点的制作要求是尽量低糖，新鲜

蔬果、牛奶、果汁面包等都可以；糕点不等于零食，不宜给予油脂、糖、盐含量较高的食物，如洋芋片、炸薯条、可乐、果脯、巧克力、汽水等，这些都是空有热量却有少量营养价值的食品，也容易造成宝贝蛀牙，甚至影响正常饮食的摄取量，导致营养摄取不均衡。

这一阶段的宝贝会因为好奇而经常流连于超市的冷藏柜附近，看着形形色色的饮品吵闹着要喝，甚至以哭闹的方式赖着不走。喝了冰凉又含色素的饮品，宝贝很容易打喷嚏、流鼻涕，甚至造成支气管过敏，因此父母须花点心思，将消暑解热又兼顾体质的食材（如杨桃、冬瓜、甘蔗等）制作成饮品，尽量不要从外面的超市买现成的饮料给宝贝喝，可以寻找市售饮料的替代品，比如气泡矿泉水可取代含糖量高的汽水，宝贝在喝气泡矿泉水时，可看到气泡跳动与感受嘴巴的沁凉感觉，不但可以解嘴馋，也会顾及健康。

这一阶段，杯子逐渐替代奶瓶作为宝贝饮用液体的工具，为了让宝贝学会自行握取杯子的方式，可以利用"三合一学习杯"训练宝贝，根据宝贝的年龄进阶式练习，让宝贝逐渐摆脱用奶嘴喝饮品的习惯。

训练宝贝使用学习杯的过程中，不要刻意勉强地要求他表现得多么好，因为每个宝贝的学习过程或抓握方式不尽相同，就让宝贝以最自然的方式渐进学习。

学习杯样式	功能及用法详解
 孔洞式	宝贝满8个月起，就可以将原本的奶瓶盖改成附有孔洞的鸭嘴式学习杯。不过藉由仰头的方式喝饮品，很容易因为流量大而溢出，使宝贝呛到，所以要特别小心地使用。
吸管式	宝贝满一周岁时，建议使用附带吸管的学习杯，因为吸管可以让宝贝自行控制饮料的流量，不容易呛到，缺点是吸管内缘如果没有清洗干净，很容易滋生细菌，因此每隔一段时间需要更换新的吸管。
杯口式	宝贝满两周岁后，正值学习力超强的年龄，可以开始学习拿杯子喝饮品，刚开始时建议父母以手辅助，以免宝贝不知道用杯子喝的倾斜角度而弄得浑身都是。

1～3岁营养美味的茶点组合

1～3岁宝贝每日茶点订餐表

	【果汁】	【奶制品】	【糕点】
第一餐			
第二餐			
第三餐			

妈咪主厨（签名）：

宝贝食客（签名）：

宝贝用餐满意度： ☆ ☆ ☆ ☆ ☆

日期：＿＿＿＿＿＿＿

1～3岁宝贝自选茶点单

○果汁类	①花生米浆 ⑤山药红豆汁	②银耳红枣汁 ⑥桂圆百合汁	③葡萄黑麦汁 ⑦柳橙气泡水	④红豆西米露 ⑧黑豆糙米浆
□奶制品	①杏仁奶酪 ⑤芝麻奶昔 ⑨菠萝奶昔	②奇异果奶昔 ⑥苹果椰奶	③草莓羊奶 ⑦燕麦豆奶	④葡萄干奶布丁 ⑧鳄梨布丁
△糕点	①红糖糕 ⑤叉烧萝卜糕	②果酱松饼 ⑥胡萝卜蒸糕	③苹果蛋糕 ⑦手指饼干	④地瓜豆沙煎饼

"每日茶点订餐表+自选茶点单"使用说明

（1）针对1～3岁宝贝与妈妈亲子互动，旨在让每日用餐变得轻松有趣，使妈妈有为宝贝下厨的欲望，也让宝贝在懵懂点餐时，对颜色、形状和数字有初步启蒙。

（2）妈妈可在电脑上制作空白的"每日茶点订餐表"，批量打印备用。

（3）每一餐茶点制作前，妈妈可主动询问宝贝，让宝贝翻看本章精美茶点图片，在"自选茶点单"的四类中各选出一种，让宝贝用正确颜色的笔（蜡笔或水彩笔），画出正确的符号和数字，填在"每日茶点订餐表"的对应栏目处。

例如，第一餐一栏可这样填写——

	【果汁】	【奶制品】	【糕点】
第一餐	○1	□2	△3

（4）宝贝当天用餐后，妈妈应在"妈咪主厨（签名）"一栏签名；让宝贝在"宝贝食客（签名）"一栏，按下指印或手掌印；"宝贝用餐满意度"一栏有五颗空白的小星星，可根据宝贝意见，用红笔在上面涂满相应的几颗星，如满意度为四颗星，即涂写为"★★★★☆"；"日期"一栏，写下具体年月日。

（5）订餐表填写完毕后，建议放入专用文件夹里归档整理，作为宝贝饮食的记录，这也是妈妈和宝贝之间最值得回味的亲子记忆。

葡萄干奶布丁

食材 大米……1/2杯

牛奶……3杯

盐……少许

葡萄干……适量

糖……少许

香草精……少许

果酱……少许

做法

1 大米洗净沥干水分后放入电饭锅中，加入少许盐，用小火慢煮至米变软但仍保有米粒感，加入葡萄干、少许糖、香草精，续煮至糖融化后熄火，拌匀成米糊。

2 取4~5个小碗，内侧刷薄薄一层油，将米糊倒入碗中至八分满，冷却后脱模，表面以果酱简单点缀即可。

小贴士

大米除了提供热量，还有调节脂肪和蛋白质代谢的功能，其分解后产生的葡萄糖，是大脑中枢神经的重要养分，可提高幼儿的学习力与记忆力。

杏仁奶酪

食材 牛奶……500毫升

水……200毫升

胶冻粉……2匙

杏仁露……10克

做法

1 牛奶与水拌匀后加热至90℃（约是锅边冒小细泡的状态），熄火后加入胶冻粉，拌匀至完全溶解。

2 加入杏仁露拌匀，倒入果冻杯中静置待其凝固后再冷藏，即可。

小贴士

杏仁富含维生素E，可协助肌肉发展、维持神经系统与心脏机能正常。

红豆西米露

食材 红豆……1杯

银耳……10克

冰糖……适量

西谷米……2大匙

做法

1 红豆、银耳分别洗净，浸泡2个小时，沥干水分，将银耳切小块，备用。

2 取5杯水加入红豆，用中火煮滚后转小火续煮至熟软，加入银耳续煮约5分钟，放入冰糖搅拌至融化。

3 将西谷米放入另一个锅中，用小火煮至透明，沥出水分后以凉开水冲凉降温，加入红豆汤中拌匀，即可。

小贴士

银耳韧性较强且不易咬断，建议宝贝一岁半后再添加。红豆可促进成长与细胞再生，帮助制造红血球，增强宝贝免疫力，进而降低宝贝感染疾病的几率。

银耳红枣汁

 食材　银耳……10克

红枣……5颗

水……600毫升

冰糖……适量

做法

1 银耳洗净，浸泡于足量的水中约20分钟，软化后取出，剪掉蒂头。

2 红枣洗净后去籽，与银耳一起放入锅中，加入水，以小火加热至沸腾，加入冰糖搅拌至糖溶解后熄火，透过细滤网滤出纯净的汁水，降温后即可饮用。

小贴士

银耳含丰富的多糖体，可以强化宝贝的身体免疫功能，是不可多得的平民滋补圣品。

葡萄黑麦汁

食材 黑麦汁……90毫升

去籽紫葡萄……300克

做法

将葡萄表皮洗净后擦干水分，放入果汁机内，加入黑麦汁一起搅打均匀，透过细滤网滤出纯汁即可。

小贴士

黑麦汁是黑麦发酵却不含酒精的健康饮品，保存了丰富的维生素，可以让宝贝思考灵活，学习力加倍。

花生米浆

食材 糙米……50克　　稻米……50克

五香花生……75克　糖……适量

做法

1　糙米和稻米洗净，浸泡于足量的清水中
　5~6小时，充分洗净后沥干，备用。

2　将五香花生外层薄膜去除，与糙米、稻米
　一起放入榨汁机，加入水搅打均匀，透过
　细滤网滤出纯净米浆。

3　将米浆倒入锅中，以小火加热并持续搅拌
　至沸腾，加入糖搅拌至糖溶解后熄火，待
　降温后即可食用。

小贴士

花生含有丰富的四烯酸与卵磷脂，可以
活跃宝贝的大脑，让思考反应更灵活。

山药
红豆汁

食材　白山药……50克

　　　煮熟的红豆……1大匙

做法

1 山药表皮以削皮器削除干净，切小块放入榨汁机内。

2 加入红豆和水搅打均匀，即可食用。

小贴士

　　山药的黏性蛋白质可以改善宝贝食欲不振和发育不良的问题，但是当宝贝因为肠胃炎引发腹泻时，则要暂停食用，以免宝贝消化不良。

鳄梨布丁

食材 鳄梨……1/2个

市售鲜奶……500毫升

市售布丁（小）……1/2个

做法

用铁汤匙挖出鳄梨果肉，放入榨汁机里，加入鲜奶、布丁一起搅打均匀，即可。

小贴士

鳄梨含丰富维生素E，可以加强宝贝的肌肉组织，维持肌肉正常生长。

草莓羊奶

食材　草莓……150克

　　　　羊奶……200毫升

做法

　　草莓表皮洗净后擦干水分，去蒂后切小块，放入榨汁机内，加入羊奶搅打均匀，即可。

小贴士

　　富含维生素C的草莓，与含丰富钙质的羊奶，可促进小宝贝骨骼发育，加强抵抗力。

芝麻奶昔

食材 黑芝麻……1大匙

鲜奶……200毫升

香草冰淇淋……1个球

白开水……适量

做法

　　黑芝麻用热水搅匀，倒入榨汁机内，加入鲜奶、香草冰淇淋一起搅打均匀，即可。

小贴士

　　每100克黑芝麻可提供约1450毫克的钙质，宝贝于正常饮食之外多摄取黑芝麻，可强化骨骼。

小 贴 士

　　百合可润肺止咳、安心宁神。桂圆可改善心烦不眠的症状。当宝贝有夜晚难眠或浅眠的情况，可在睡前给予饮用，有助安抚不安的情绪。

桂圆
百合汁

食材　干百合……30克

　　　桂圆肉……15克

　　　水……300毫升

　　　冰糖……适量

做法

1　干百合洗净沥干后放入锅中，加入桂圆肉和水，以小火加热至沸腾，加入冰糖搅拌至糖溶解后熄火。

2　待降温后取适量给宝贝饮用。

苹果椰奶

食 材　红苹果……1/2个

　　　　椰子汁……100毫升

做 法

1　苹果表皮以削皮器削除干净，去核籽后，切小块。

2　加入椰子汁，放入搅打均匀，即可。

小 贴 士

椰子汁有镇定安神的功效，在酷热的盛夏饮用，可以让宝贝有种沁凉的感觉，进而达到稳定情绪的作用。

柳橙气泡水

食材 柳橙……2个

气泡矿泉水……200毫升

做法

柳橙表皮洗净后擦干水分，对切成半，以榨汁器挤出柳橙汁，与气泡矿泉水混合拌匀，即可。

小贴士

气泡矿泉水含有天然矿物质，完全不添加人工甘味剂，其充满气泡的模样，适合炎热夏季给宝贝饮用，作为汽水和可乐的替代品。

燕麦豆奶

食材 燕麦……50克

黄豆……100克

水……1300毫升

糖……适量

做法

1 黄豆和燕麦洗净，浸泡于足量的清水中约4小时，去除浮在水面的黄豆薄膜，充分洗净后沥干，备用。

2 将黄豆及燕麦放入榨汁机，加入水搅打均匀，透过细滤网滤出纯净的燕麦豆浆。

3 将燕麦豆浆倒入锅里，以小火加热并持续搅拌至沸腾，加入少量糖搅拌至糖溶解后熄火，待降温即可。

小贴士

燕麦纤维可以促进小宝贝肠胃蠕动，及增进皮肤的光滑细致。平常也可直接将燕麦与白米一起煮至软，作为宝贝的正餐。

黑豆
糙米浆

食材 黑豆……100克

糙米……50克

水……1300毫升

糖……适量

做法

1 黑豆和糙米洗净，浸泡于足量的清水中约4小时，充分洗净后沥干备用。

2 将黑豆及糙米放入果汁机内，加入水搅打均匀，透过细滤网滤出纯净的黑豆糙米浆。

3 将黑豆糙米浆倒入锅里，以小火加热并持续搅拌至沸腾，加入糖搅拌至溶解后熄火，待降温即可饮用。

小贴士

黑豆和糙米含丰富的纤维，可以促进肠胃蠕动。

奇异果奶昔

食材 奇异果……1个

原味酸奶……100毫升

温开水……100毫升

做法

奇异果表皮洗净后擦干水分，对切成半，以铁汤匙挖出果肉，加水放入榨汁机里，搅打均匀，即可。

小贴士

奇异果富含维生素C，除了养颜美容外，具有促进肠胃蠕动的作用。

菠萝奶昔

食材 香蕉……100克

鲜奶……150毫升

菠萝汁……200毫升

做法

菠萝去皮后切小段，放入果汁机内榨汁，加入鲜奶搅打均匀即可。

小贴士

香蕉具有润肠通便、润肺止咳的功效，当小宝贝便秘或咳嗽时适量给予，可改善症状。香蕉性寒，若宝贝肠胃不适则不宜食用。

红糖糕

食材　米粉……70克

低筋面粉……220克

泡打粉……3/4匙

红糖……适量

水……240毫升

小贴士

　　红糖在中医上，具有补血益气、强健脾胃的功效，且富含铁、钙等营养素，可增进宝贝生长发育。

做法

1　将红糖、水放入锅里煮至糖融化，放凉备用。

2　将米粉、低筋面粉、泡打粉过筛后拌匀，加入红糖水拌匀，再倒入铝箔盒内静置30分钟。

3　蒸锅中倒入水煮滚，将铝箔盒放入蒸笼里，用中火蒸约30分钟，开盖后用竹签插入中心，无米糊沾黏即熟透。

果酱松饼

食材 **1** 蛋……2个

牛奶……150毫升

低筋面粉……150克

泡打粉……1小匙

糖……少许

2 草莓丁……600克

蓝莓……300克

菠萝丁……600克

细粒冰糖……适量

做法

1 制作果酱：将草莓丁放入干净无油的锅中，加入适量冰糖拌匀，待过滤出汁，以小火慢煮约50分钟，即可熄火；蓝莓酱、菠萝酱做法，与之相似。

2 制作松饼：蛋打散，加入牛奶拌匀，加入面粉、泡打粉与糖拌匀成面糊，放置约30分钟。

3 将煎锅加热，舀入适量面糊煎至两面呈金黄色取出，抹上自己喜爱的三色果酱即可。

小贴士

牛奶、蛋含丰富蛋白质、维生素D与钙，使幼儿骨骼与牙齿发育更健全，亦能提高记忆力与脑力。

苹果蛋糕

食材 **1** 水……10毫升

糖……适量

苹果丁……50克

葡萄干……20克

2 鸡蛋……1个

蛋黄……1个

3 高筋面粉……30克

玉米粉……30克

泡打粉……少许

做法

1 放入锅中，用小火煮5分钟至
苹果丁软，放凉后备用。

2 放入搅拌盆中，分次加糖，
用打蛋器打发至呈乳白色。

3 将"食材 **2**"过筛后与全
蛋、蛋黄拌匀成面糊。

4 将面糊倒入模型中，放入烤盘
中，再放入烤箱以150℃烤约
30分钟，至表面上色即可。

地瓜豆沙煎饼

食材 **1** 红豆……300克

　　　糖……100克

　　　水……适量

　　2 地瓜……400克

　　　太白粉……2小匙

　　　糖……少许

小贴士

地瓜富含β−胡萝卜素、钾及丰富纤维，可预防宝贝便秘。红豆含维生素B_1、叶酸与铁，能增进皮肤健康并预防贫血发生。

做法

1　制作红豆沙：红豆洗净浸泡约1小时，沥干后放入锅中；水分三次加入红豆中，每次的水量需盖过红豆；加入第一次水，用小火煮至水分快收干，再加入两次水，续煮至红豆熟软且水分收干；熄火后趁热加入糖拌匀，放凉后以筛网过筛，即为红豆沙。

2　将地瓜洗净，放入烤箱中，以180℃烤约30分钟至熟软，取出去皮后压成泥，加入"食材 **2**"揉成团状，分割成十等分，揉圆球状，备用。

3　取一块地瓜面团，用手掌压扁，包入适量豆沙馅，收口捏紧后稍压成扁圆形，放入平底锅中，煎至表面酥黄，即可。

143

叉烧
萝卜糕

食材 1 猪肩胛肉……300克

　　　烤肉酱……1大匙

　　　酱油……少许

　　　糖……少许

　　　青葱（切段）……2根

　　　嫩姜……1片

　　　色拉油……1大匙

2 虾米……100克

　　白萝卜丝……600克

　　盐……1匙

3 米粉……500毫升

　　温水……4杯

 做法

1　制作叉烧肉：将猪肩胛肉用"食材 **1**"的其他材料腌渍约1小时；放入平底锅中煎至呈金黄色；再放入烤箱以180℃烘烤25分钟，烘烤过程中刷上调匀的食用油，让表面酥黄至熟，取出放凉后切细丁。

2　虾米泡软切末；锅中倒入3大匙油，爆香虾米末，加入叉烧肉丁、白萝卜丝炒软，加入冷水，用中小火焖约5分钟，加入盐拌炒均匀，备用。

3　米粉先用冷水调开，再倒入热水调匀，倒入锅中用小火边煮边搅拌至呈浓稠糊状，熄火后拌入"食材 **2**"的馅料，再倒入铝箔盒中，用沾少许开水的饭匙将米糊抹平，备用。

4　蒸锅中倒入水煮滚，将铝箔盒放入蒸笼中，用中火蒸约30分钟，开盖后用竹签插入中心，无米糊沾黏即熟透。

胡萝卜蒸糕

 食材 **1** 细砂糖……50克

水……100毫升

胡萝卜泥……50克

2 米粉……35克

低筋面粉……110克

泡打粉……1小匙

 做法

1 将糖、水和胡萝卜泥放入锅中,边加热边搅拌至滚,熄火后放凉。

2 将"食材 **2**"拌匀成面糊,再慢慢倒入放有蛋糕纸的蛋糕模中至八分满,静置30分钟。

3 蒸锅中倒入水煮滚后,将蛋糕模放入蒸笼中,用大火蒸约15分钟至熟即可。

小贴士

宝贝若呼吸道抵抗力较差,可多摄取富含β-胡萝卜素的胡萝卜,能减少呼吸道感染的几率。

手指饼干

食材 鸡蛋……2个

糖……少许

低筋面粉……80克

香草粉……1小匙

做法

1 低筋面粉与香草粉混合，过筛两次，备用。

2 蛋白与蛋黄分开，取20克细砂糖与蛋黄搅拌至糖溶解，备用。

3 取少许糖与蛋白打发，至蛋白泡泡尖端呈现倒勾状。

4 将蛋黄液用橡皮刮刀轻轻拌匀成面糊，在烤盘上挤成条状（或点状），放入烤箱以180℃烤约20分钟，至表面呈金黄色即可。

小贴士

烤好的手指饼干可以当磨牙饼，拌入低筋面粉时只需拌匀即可，若过度搅拌会让面糊失去膨松感而产生筋度，这样烤出来的饼干不膨松且口感较硬。

妈咪主厨的膳食营养日志（三）

　　1～3岁的宝贝喜欢吃糖果、洋芋片等口味重的零食，若家长因为宠宝贝就不停给予的话，会养出口味重的胖小子，也会影响宝贝正常用餐的食欲。不过，点心对宝贝来说是很有吸引力的，可以亲手制作一些低脂、低糖、无化学调味料的茶点，如牛奶、酸奶、水果、饼干都不错。

　　糕点给予时应时间固定、分量适中，而不是宝贝想吃就给；若吃点心过多，或是离用餐时间太近，宝贝则会吃不下饭，对此妈妈们应当注意。

　　美食满足着宝贝的味蕾，为宝贝成长提供必要的养分，也无形之中传递着爱意。当你在厨房里忙碌后，为宝贝端上一顿亲自完成的美食，宝贝的心里肯定会有情感上的触动。同时，宝贝品尝美食的每个动作都会在妈妈脑海中不断放映，点点滴滴汇成一副记忆中的美好画面。

　　妈妈是宝贝最好的老师，也应该是宝贝最好的管家和私人主厨，尽可能地亲自下厨，用饱含爱意的美味菜肴，填满宝贝的胃吧！

本书繁体字版由台湾邦联文化授权出版

非经书面同意，不得以任何形式复制、转载

北京市版权局著作权登记号　图字：01-2013-3010号

图书在版编目（CIP）数据

宝贝，该点餐啦：1～3岁幼儿分阶膳食营养书 / 黄惠珍著 . —北京：
东方出版社，2013

ISBN 978 – 7 – 5060 – 6326 – 5

Ⅰ . ①宝…　Ⅱ . ①黄…　Ⅲ . ①婴幼儿—食谱　Ⅳ . ① TS972.162

中国版本图书馆 CIP 数据核字（2013）第 105761 号

宝贝，该点餐啦：1～3岁幼儿分阶膳食营养书

（BAOBEI，GAI DIANCAN LA：1～3 SUI YOU'ER FENJIE SHANSHI YINGYANG SHU）

黄惠珍　著

责任编辑：刘　晗　李典泰

出　　版：东方出版社

发　　行：人民东方出版传媒有限公司

地　　址：北京市东城区朝阳门内大街 192 号

邮政编码：100010

印　　刷：北京鹏润伟业印刷有限公司

版　　次：2013 年 6 月第 1 版

印　　次：2013 年 6 月北京第 1 次印刷

开　　本：710 毫米 ×1000 毫米　1/16

印　　张：10

字　　数：120 千字

书　　号：ISBN 978 – 7 – 5060 – 6326 – 5

定　　价：39.80 元

发行电话：(010) 65210059　65210060　65210062　65210063

"书中所列出的美味菜肴，都是作者亲手给其宝贝制作过的，值得新手妈咪学习。"

——原北京协和医院儿科营养专家

"在饮食中添加的每一道辅食、每一片菜和每一块鱼肉，都倾注着惠珍对宝贝无微不至的体贴与呵护。"

——台湾省行政院卫生署基隆医院营养师 张皇瑜

"尽管两岸在文化背景、气候地域、生活习惯等方面有所不同，但对于宝贝的爱、对宝贝养和育的基本理念是一脉相通的。希望内地的妈妈能有幸读到此书。"

——台湾省行政院卫生署基隆医院营养师 杨惠乔

◆ 她来自宝岛台湾，是一位有理想追求的妈咪主厨。

◆ 为完成开一家中餐馆的梦想，她曾**留学美国参加餐饮业进修**，藉由专业培训掌握烹饪技巧，**获得专业米其林三星级厨师资格认证**。

◆ 这是她首次将育儿经与"**黄氏辅食餐**"，配以精美的图文与大陆的新妈妈分享。

◆ 请妈妈们与"妈咪主厨"黄惠珍女士一起，为宝贝烹饪心仪可口的辅食吧！

黄惠珍